大贱年

1943年卫河流域战争灾难口述史

王 选◎主编 巨鹿卷

中国文史出版社

图书在版编目（CIP）数据

大贼年：1943 年卫河流域战争灾难口述史 . 巨鹿卷 ／
王选主编 . —北京：中国文史出版社，2015.12
　　ISBN 978-7-5034-7207-7

Ⅰ.①大… Ⅱ.①王… Ⅲ.①灾害 - 史料 - 巨鹿县 - 1943
Ⅳ.①X4-092

中国版本图书馆 CIP 数据核字（2015）第 297962 号

丛书策划编辑：王文运
本卷责任编辑：高　贝
装 帧 设 计：王　琳　瀚海传媒

────────────────────────────

出版发行：中国文史出版社

社　　　址：北京市西城区太平桥大街 23 号　　邮编：100811
电　　　话：010-66173572　66168268　66192736（发行部）
传　　　真：010-66192703
印　　　装：北京中科印刷有限公司
经　　　销：全国新华书店
开　　　本：787mm×1092mm　1/16
印　　　张：17
字　　　数：244 千字
版　　　次：2017 年 9 月北京第 1 版
印　　　次：2017 年 9 月第 1 次印刷
定　　　价：860.00 元（全 12 册）

────────────────────────────

《大贱年——1943年卫河流域战争灾难口述史》
编　委　会

主　　　编：王　选

副　主　编：李诚辉　徐　畅

执行副主编：常晓龙　张　琪

特　邀编委：郭岭梅　崔维志　井　扬

编　　　委：（按姓氏笔画排序）

王占奎　王　凯　王晓娟　王穆岩　刘　欢

刘婷婷　江余祺　江　昌　牟剑峰　杜先超

李　龙　李莎莎　李　琳　邱红艳　沈莉莎

张文艳　张　伟　张　琪　祝芳华　姚一村

常晓龙　董艺宁　焦延卿　谢学说　薛　伟

目 录

张王疃乡

堤 村 镇

安庄村

采访时间： 2009 年 8 月 31 日

采访地点： 巨鹿县堤村镇贾庄安庄村

采 访 人： 赵曼曼　郑文娟　常　乐

被采访人： 田永保（男　84 岁　属虎）

田永保

我叫田永保，84 岁，属虎，上过几天学。

那时候我十六七（岁）了，那时旱灾，到六七月才下透雨，七月初三四，立秋才下透，雨下得大。种谷子收了，种玉米没收，下大雨种了地，那才种上，那年不发洪水，发洪水那年是 1963 年。

民国 32 年吃草籽，人都逃荒走了，旱得没人烟，净饿的，没得过病，没什么病全都给饿死的。没有上吐下泻的。饿死的有三四十人，那时人少，那时村里一共有几百人。日本人民国 32 年还在，没走，在村里抢夺，没毁人。

薄 庄

采访时间：2009 年 8 月 31 日

采访地点：巨鹿县堤村镇薄庄

采 访 人：张吉星　葛丽娜　普　敏

被采访人：薄增进（男　82 岁　属龙）

薄增进

　　我那年 16 岁，民国 32 年是灾吃年，因为天旱不下雨，草籽都不出。从阴历六月份不下雨，到阴历七月下了雨，荞麦、蔓菁、油菜能收点，油菜、红萝卜收成不错。

　　日本人在这，有点粮食皇协军都给翻走了。没粮食吃，就压饼吃，饼太硬，没办法，饿得必须吃。饿死很多人，肚子饿得老大，饿得没力气，躺在地上。当时这个村有几百户，灾吃年后少多了。

　　日本人跟村长要人，饿得不行还得被日本人要去，给日本军队干活，盖岗楼，不去就打一顿，每年要向日本军队交皇粮。村里有几个被转到日本去的，饿得没办法，被抓住了九个，到山海关时死了七个，后来偷跑回来两个。

　　那年有霍乱转筋，麦子快熟的时候，人得霍乱转筋，有土医生给扎，能扎好一点，得了霍乱的人受不住，转筋，不吐，不拉肚子。

　　蝗虫是民国 32 年以前闹的，墙上爬满了蛹子，地上都是，六月份，闹蝗虫是具体哪一年记不得了，好像是我 11 岁时。

　　民国 32 年七月份下雨下得大，屋子漏雨，下了五六天，下得地里不能站人，油菜、荞麦都能收。民国 32 年逃吃的很多，有逃到山西的，很多人都死在外面了，民国 32 年前后往外逃的多。

　　大水的时候我好像二十三四岁，从窑城水库来的，五六天就下去了。

东佛寨

采访时间：2009 年 8 月 31 日

采访地点：巨鹿县堤村镇贾庄田庄村

采 访 人：赵曼曼　郑文娟　常　乐

被采访人：尼　氏（女　88 岁　属狗）

尼氏

我不记得叫什么名字了，不知道多大了（88 岁了，同村人说的）。

那年头不好，都逃吃了，逃难了。过灾吃年的时候，有吃蚂蚱的，吃糠咽菜。

不下雨，那可不旱？那没法吃，我那时候在娘家，娘家东佛寨。那时候年头不好，我爹养活不住啦，我还有一个弟弟给人了，我还有一个妹妹也给人了，年头不好，俺就来得早了。

年头不好，就是大雨淹的。反正那年头不好，有得大病的，我记不得了。

采访时间：2009 年 8 月 31 日

采访地点：巨鹿县堤村镇东佛寨

采 访 人：张吉星　葛丽娜　普　敏

被采访人：张玉增（男　78 岁　属猴）

张玉增

我叫张玉增，上过几年学，民国 32 年我 12 岁。那年过完年就没下雨，一直到农历七月多才下雨。地里种不上庄稼，七月二十一下了透雨，下的雨不是很大，但地湿透了，可以种庄稼了，雨下了几天不太清楚。

听说过霍乱，去抬人得去俩人，霍乱传人，我只听说，自己不知道。

有逃吃的，我自己和家人四月份逃到了山西，九月份回来，听家人捎信说下雨了，就回家了，逃吃的不少，跟我一块儿去的有十几个，听说村里有饿死的，当时我不在村里不太清楚。

灾吃年后，蝗虫在农历七月份过来了，来的时候天都红了，特别多，地上到处都是蛹子。

我当时被日本人抓去干活了，晚上自己逃回家了。日本人抓村里人当兵。

法市庄

刘国辰

采访时间：2009 年 8 月 30 日

采访地点：巨鹿县堤村镇法市庄

采 访 人：白丽珍　陈颖颖　张鹏程

被采访人：刘国辰（男　78 岁　属猴）

我叫刘国辰，今年 78 岁了，属猴的。我上过学，灾吃年那年我上小学，那是民国 32 年，在巨鹿的教堂学校，是个天主教堂。我不是党员，1958 年当过大队会计。

民国 32 年我家里有父母，一个妹妹，在本村呢。那年下雨下得不大，两年都没什么吃的，那时候没有井，庄稼收不了。没被淹，但也不沾光。主要是旱灾，收麦的时候，麦子被蚂蚱吃了。后来稍下了一点雨，种了点儿，没收成，种了点红萝卜，吃粗糠，咽饭。有逃吃在外的，饿死的都饿死了，咱家里人没有饿死的，其他人不知道。逃吃是在民国 32 年以后，逃去的那些人把女子都卖到山西了，（有没有）去别的地方我不好说，我没有去逃吃。

我 12 岁时见过日本人，我上学的地方挨着日本人那里，那边住着皇协军。我知道日本（人）住的地方，在招待所，我没见日本人。我上学的地方有外国人，是那些神父，美国大鼻子。有日本人给小孩子发吃的，扔的啥都有，有罐头，鱼罐头，净吃了。也不经常发，具体记不清了，是一个小盒子，盒子一掀就可以吃了，吃了没有发现不正常的情况。

这里没有炮楼，就我这个村里向东走一华里，刘酒务有一个，还有七八里的堤村（也有一个），这个方向只有两个。那时候抓劳工的多了，日本人没抓过劳工，都是皇协军抓，抓走当兵。往别的地方没听说，抓走为他服务。这里过飞机了，飞机往下扔罐头，听说里面是干鱼、大米。日本人没有检查身体。咱这没有土匪。

蝗灾发生过，民国 32 年七八月里，大部分人都吃不上，草籽不收，天上有虫害，蚂蚱一层层的，最后连草都吃不到，地里一层跟神虫似的，蚂蚱一过一片平。

有没有病死的我不记（得）这事了，那时候小，有得病死的吧，挡不住（可能，方言）有。有两三（个人）就是饿死的。民国 33 年、34 年，听说五六月有霍乱，那时候大概是割麦子的时候，老百姓叫霍乱，症状不清楚，得霍乱的一华里有一个人，不是这个村里的。

采访时间： 2009 年 8 月 30 日
采访地点： 巨鹿县堤村镇法市庄
采访人： 白丽珍　陈颖颖　张鹏程
被采访人： 刘洪凯（男　78 岁　属猴）

刘洪凯

我叫刘洪凯，78（岁）了，属猴的，不记得出生年月了。我上过小学，建国的时候，是党员、副支书。民国 32 年，我家里有两个姥爷、父亲、母亲，没别的。

灾吃该（怎么，方言）不记得，民国32年，我在本地，我没有出去，那年发生旱灾了，不发生不能过贱年。那是春天里旱的，阴历七月份下的大雨，庄稼不好，没收成。吃菜就吃玉米棒的芽，那时候没办法说，吃糠菜、豆饼、麻食。到七月初二下了雨，那回下雨最大了，沟里满是水，到黑就停了，沟里的水都漫出来了，河没开口子。每天都死人，也不是愣（很，方言）严重，就是光饿死的。得病死的有，民国32年一过，有得病的，慌病，有得那病的，我自己没得病，家里人也没有得病的。

有人逃吃，有人逃到了大同、包头，哪里去的都有，那些人都回来了，没死人。那年土匪不多，有一小拨土匪，现在不记得土匪头目的名字了。

有蝗灾，不是民国32年，是民国32年以后，把谷头儿都咬了。蝗灾发生在收麦后，民国35年、36年。

我见过日本人，日本人天天来这里，过来杀人，抢东西，没见过穿白大褂的。有给小孩吃的，飞机那时候少。炮楼离这村有一里多地，东边有个叫刘酒务，就一个。抓过劳工，劳工哪里都去。

后安子

采访时间： 2009年9月3日

采访地点： 巨鹿县堤村镇贾庄后安子

采 访 人： 栾晶晶　赵媛媛　夏世念

被采访人： 王根海（男　78岁　属猴）

王根海

我叫王根海，78（岁），属猴。上过两天学。灾吃年我才12（岁），没有逃吃。

那年干旱，七月下了雨，八月下霜，八月小绿豆收了点，种了萝卜、白菜、荞麦，那年的头年就旱。不下雨种麦子都种不上，过了年不下雨也不下雪，到七月下了一场雨，撒了一些小绿豆，立秋头七天下了雨，地里下透了，耩了麦子。到八月里就下霜了，旱得严重，没有洪水。

那会儿民国32年大旱，民国33年生的蚂蚱，种谷子晚了，蚂蚱一咬就光，遍地都是（蚂蚱）。人死的多了，那时毛主席还没成事，饿得没啥吃，不记得几月饿死人了，反正死了不少，逃吃的人现在还有没回来的，（逃到）山西的曲沃县、洪洞县，我说不清都是几号外逃的。

那一年得的霍乱，也都好了，你得出村找医生，咱村没医生。这些人又是跑茅子，哕泻，那病邪快，净是得霍乱死的，六七月就开始了。我家咋没有得的？有俺母亲父亲得，猛一下雨，他俩得了，找了严庄的医生成昆，扎针吃了药就好了，到年根前一个月就好了。他治好的不少。别地得这病死得还多，都是上窜下泻，传染。

我还给日本人当过苦力，他们光和你要东西，啥也不给，那会儿轮着班，本来是要四十多（岁）到十八九岁的，那时我13岁，我还去了。

采访时间：2009 年 9 月 3 日
采访地点：巨鹿县堤村镇贾庄后安子
采访人：栾晶晶　赵媛媛　夏世念
被采访人：王文双（男　72 岁　属虎）

王文双

我叫王文双，72 岁，属虎。上过小学，过冬天就上了两天，一直住在这个村，没有去逃吃。

那时候一亩地还收不了一花包麦子，现在记得不很清了。就是干旱，地里没东西了，旱得草都不长了，民国31年七月初下的雨，民国32年没下雨，民国32年没啥吃，那时我 6 岁。那年没洪水。

去打蚂蚱还晚，打蚂蚱那会儿毛主席都成事了。民国32年饿死了不少人，没啥吃，越饿越跑茅子，死了很多人。都逃山西去了，那也是家里没啥了才走的，今走一家，明走一家。庄稼长得愣（很，方言）赖，人就吃树叶、糠、谷秕子，磨磨就吃了，饿死一大些人。

我见过日本人，老蒋的飞机一群一群地飞，有叫去修炮楼的，今儿你去，明儿他去，轮换着去，去晚了就埋了你下半身。外村给杀了的多着了，日本人和皇协军说你是八路军就都杀了，俺村没大有，没回来的多着呢，都死了。

听说过霍乱转筋，得那病不长时间就死，说不清症状。那会儿俺村没医生，上外村找医生，那会儿我小，得霍乱病还不急，我父亲跟大姥得了瘟症，不知道吃不知道喝，还有文章，那会儿他轻，他是过了灾吃年得的，姓谷的医生扎好的。村里有死的，得了一大些，跟禽流感似的，俺家没死，俺家的治好了。反正有死的，扎腿，一扎就出黑血。那咱不知道是咋得的，那病来得愣（很，方言）快。

采访时间： 2009年9月3日
采访地点： 巨鹿县堤村镇贾庄后安子
采 访 人： 栾晶晶　赵媛媛　夏世念
被采访人： 王云计（男　77岁　属鸡）

王云计

我叫王云计，77（岁），属鸡。跟没上过学一样，就上过几天。我民国32年咋没逃吃？我上石家庄了，跟奶奶走了。

民国31年就旱，到民国32年种了点菜，萝卜、蔓菁，到八月里下雨了，九月早早下霜了，庄稼是啥也没收，反正种点菜收了。

雨没下几天，饿死的人多着了，民国32年外逃可多了，村里没多少人了，反正有死了的，死了很多。逃荒的是很多，下雨了就都开始逃，到山西，走一半还多了。

得霍乱死的可多了了，就是上吐下泻，那会儿没医生，没治，得这病连哕带泻很快就死了，咱家里没有得这病的。都是下雨以后得的，得霍乱死了不少，死了有十个二十个的，都没啥吃，吃野菜，村里有 100 多人，那会村里人愣少。

我见过日本人，他光打人。没有检查身体，这里没有劳工。

纪家寨村

采访时间：2009 年 8 月 31 日
采访地点：巨鹿县堤村镇纪家寨村
采访人：张吉星　葛丽娜　普　敏
被采访人：解洪章（男　84 岁　属虎）
　　　　　　解存祥（男　78 岁　属猴）

解洪章

民国 32 年，日本人还在这呢，那年因为天旱，一直没下雨，正月到立秋以后才下雨，到七月才下透的，雨下后能种地了。没吃的，饿得不行，吃树叶子。这村里原来有 500 多口人，后来只剩 300 多口人了，饿死的、逃的，饿死的多，逃的都到上口外，上山西。民国 32 年前或是 32 年后开始出逃，在这里都是不能张嘴了，才往外走的。

没听说有传（染）人的病，也不知道传染不传染，得霍乱的多。民国 32 年，人肚里都没食，没得吃，得病就死，也不能算是

解存祥

霍乱，饿的。得病的不多，饿死的多，不知道什么是霍乱，听别人说是霍乱。

蝗虫飞到天上，就看不见天，麦穗都被咬了，谷子吃光了，过了以后就没什么了，不知道从哪来的。有一年（下雨）下了 40 多天，记不清哪一年了，上水是 1963 年。

采访时间：2009 年 8 月 31 日

采访地点：巨鹿县堤村镇纪家寨村

采访人：张吉星　葛丽娜　普　敏

被采访人：解黄浦（男　75 岁　属猪）

　　　　　王景坤（男　78 岁　属猴）

解黄浦

灾吃年主要是旱，再加上日本人在这儿，生活过不去，民国 32 年旱得厉害，从春播，农历四月份，开始旱，一直到阴历七月，三四个月没下雨。没啥吃，卖孩子的卖孩子，到七月份下的雨，能种地了，种上谷子、油菜、荞麦了。

村里有得霍乱的，人上吐下泻，很快就死亡了，在村里死的有三四个，在村外死的有好几个。那是在旱的时候得的病，生活跟不上，治疗跟不上，很快就死了，现在几乎是没治（得）这个病的。那时候死得很多，家里没粮食，有点儿粮食也被日本兵抢走

王景坤

了。灾吃年饿死的有 25% 到 30%，饿的再加上有病死的比较多。六月份开始逃吃，有的逃到口外、关外的，逃得近的，能种地的时候就回来了。

蝗虫是过了灾吃年，民国33年，比较严重，也就是农历七月份的时候。大概蝗虫是从南边过来的，具体时间记不太清了。

1956年和1963年发过大水，连下雨，带外边过来的水，洪水比较多。有下40天雨的，记不清是哪一年了，只记得是立秋后。

姜家庄村

采访时间：2009年9月3日

采访地点：巨鹿县堤村镇姜家庄村

采访人：陈绪行　杜　凯　潘多丽

被采访人：姜礼锁（男　75岁　属鼠）

姜礼锁

我叫姜礼锁，今年75岁了，属鼠的。

从民国31年就开始旱，民国31年一整年没下雨，民国32年到七月才下的雨，下雨后有种蔓菁的，还有种油菜、荞麦的，我种了一亩蔓菁、一亩小麦，蔓菁长得还挺好的，收得还比较好。那雨下得不小，把房子都下漏了，那时是土坯屋，是七月初几下的，立秋了，地里没有形成涝灾。地里一年多没种东西，一片荒芜，都是吃草，当时种的时候连种子都没有。我父亲去我姑那拿了20斤麦子，种了二亩地，一亩地也就打了个百八十斤。

俺村饿死的、卖儿女的可多了，当时我们村有200多口，剩下的也就100多口，我们这的人都是弄了衣服上北京去卖，然后买些粮食回来吃。逃吃的一般是过了麦出去的，走的人多了，剩的人就很少了，有的待一年就都回来了。那时候有病也不能看，连医生也没有。灾吃年有得病死的，有饿死的，得病的咱也不知道是啥病。

那时候日本人在，他们抓人干活，挖沟、盖楼，还有抓到东北、山西挖煤的。

蚂蚱在民国 33 年、34 年连着生，蚂蚱很多，满天飞，从平乡飞过来的，当时高粱长得差不多了，谷子也开始上粒了，蚂蚱是阴历六月十几号来的，吃高粱和谷子，地里的谷子一会儿就被吃没了。

金玉庄

采访时间： 2009 年 9 月 3 日

采访地点： 巨鹿县堤村镇金玉庄

采 访 人： 张吉星　普　敏　葛丽娜

被采访人： 王凤臣（男　78 岁　属猴）

王凤臣

我叫王凤臣，今年 78 岁，属猴。

灾吃年是民国 32 年，民国 31 年没下雨，民国 32 年七月才下的雨，收成不行，饿得不行。那时候没井，没法浇地，人都吃树叶子、榆叶、枣叶，饿死的特别多，这个村饿死的有二十几个，我那会儿十二三岁。

逃吃的有，逃到包头，一开春我两个哥哥就逃走了，逃吃的很多，村里一半人都逃走了，也是四五月份逃走的。

蝗虫闹过，翅是黄的，地上都是，一飞满天都是，是民国 32 年在六七月份来的蝗虫，那时候都吃蝗虫，蝗虫闹了十多天，就向北飞走了，把树叶都吃光了。

闹霍乱了，没物（东西，方言）吃，人没劲，五六月份死得多，得霍乱死的。人没吃的，拉肚子，上吐下泻，霍乱就这样，厉害，不能动，往床上一躺就死了。霍乱传人，老人小孩死得多，老人小孩不禁饿。那时找不着医生，都是土医生，没得治，那会儿看病的人也少，死的人中 80%

是得霍乱死的。得霍乱不能吃东西，死得快，白天得病，晚上就死了。

白天皇协军来抢，日本人砍树，怕藏八路，抓了劳工弄到日本国，解放后也没有放回来，在日本死的多。

村里1963年闹过洪水，六月十六晚上来的，那时村里疙瘩多，挡着没进村，后来1964年，下了大雨，下了十多天。

采访时间：2009 年 9 月 3 日
采访地点：巨鹿县堤村镇金玉庄
采 访 人：张吉星　普　敏　葛丽娜
被采访人：王福长（男　81 岁　属蛇）

王福长

我叫王福长，81岁，属蛇。

灾吃年是民国32年，1943年，灾吃年不下雨，旱得到农历七月份才下雨，不记得具体是哪一天了。从春季一直没下雨，玉米都泡嫩了，没收，晚谷子收了点，种的荞麦、蔓菁。后来下雨收了点荞麦，收成不强，村里都不够吃。逃吃下山西、口外的多了，村里有十好几个人都去了，饿死那些（很多，方言）人。

逃吃是从民国31年冷的时候，冬季往外走，后来到1949年回来了。我也出去了，我是1943年五月往外走的，当时16岁，逃到了口外，1943年冬天回来的。

民国31年收成就不很强。灾吃年有病的，主要是饿，霍乱有没有记不清了。闹蝗虫了，那一年人饿得吃蝗虫吃草籽，民国32年正割麦子时闹的，蝗虫吃谷子高粱。

灾吃年日本人在这，日本人要物，抓劳工，抓到城里当夫，抓兵，没听说抓到日本国的。

民国 32 年七八月下过雨，下了好几天。后来又（被）大水淹过，1955 年被大水淹了，到打麦子还有水呢，大水是下雨下的，外面也来了水，当时雨把小麦淹了。

锞王庄

采访时间： 2009 年 8 月 30 日

采访地点： 巨鹿县堤村镇锞王庄

采 访 人： 白丽珍　陈颖颖　张鹏程

被采访人： 王存堂（男　81 岁　属蛇）

王存堂

　　我叫王存堂，81（岁）了，属小龙的，生日是九月。没有上过学，没担过啥干部，在滦县当过两年队长。俺有姊妹五个，那时候家里还有俺娘和俺媳妇，俺父亲过贱年死了。那年的旱灾不得了，没了吃，日本也要，要得百姓没什么吃。

　　下了好几天雨，立秋三天后下的雨，庄稼还没长成就下霜了，地里有蔓菁、荞麦，到后边收得不赖。下雨下得晚，干旱了一春天都没下，雨下以后没有洪水。

　　原来村里共有 200 多人，这里饿死了十来个，算算有 11 个人，逃吃走了三个人到外面，死到外头了。俺没有出去，家里人也没有，逃去的人去了关外，包头哪儿都有。一饿，好歹有点儿病就死了，饿死了，没一点劲，有 20 多岁的，有 60 多岁的，好歹有点病就死了，那时候也没好医生。死了的我咋没见过啊？瘦得皮包骨头，死了连抬都不好抬，没有上吐下泻的症状。俺父亲吃不饱，得了伤寒病，也没好医生，民国 32 年二月死的。

　　那时候见过日本的飞机，在城里投了炸弹，死了个老太婆。咋没有抓劳工？那我还叫他抓走，抓我的时候不是 15（岁）就是 16（岁），待了好几个月，做活，整天修炮楼，挖沟，整天要人，整天去，到黑就回来。日本人、皇协军来了拿东西吃，（吃）泡面、烙饼。不记得穿白大褂的日本人。有土匪，头儿叫什么不知道，都绑了人捆村外，要钱。

李庄村

采访时间： 2009 年 8 月 31 日
采访地点： 巨鹿县贾庄李庄村
采访人： 赵曼曼　郑文娟　常　乐
被采访人： 张巧娥（女　77 岁　属鸡）

我没上过学。民国 32 年那年我得过霍乱，上吐下泻，叫田庄的（大夫）给扎过来了，不知咋得的，扎腿窝，后来光得肿病。大人得了霍乱转筋，生疹子。

张巧娥

楼里庄

采访时间： 2009 年 8 月 31 日
采访地点： 巨鹿县堤村镇楼里庄
采访人： 白丽珍　陈颖颖　张鹏程
被采访人： 李文兵（男　78 岁　属猴）

我叫李文兵，今年 78 岁，属猴的，生日十一月初二，在学校念的书少，在村里当支书 20 多年，1955 年入的党，1960 年当了支书。

民国 32 年旱灾，从那一年开始没收，一直旱到六七月份，后来下雨下得不大，时间不长。逃吃的人一家一家的走了，几月份不清楚，没有收麦前就走了。当时我家里有奶奶、父母、哥和两个妹妹，哥逃吃走了，走到社庄（音），在那干活计，后来从火车（上）跳下来，要饭回来的。村里逃吃的人不少，之前有 200 多口人，逃吃不少于 30 口，逃到山西侯马的多，别的地方不多，饿死的人很多，饿死了 20 多口。

李文兵

民国 32 年的时候有得病的，我母亲就是得了病，当时没有上吐下泻，躺着睡。霍乱在民国 32 年没有，饥吃从开春在三四月份开始，到下雨六七月份。

有好多皇协军，在村里见过日本人，没见过穿白大褂的，那会儿没干什么坏事，那会儿有给小孩发糖或饼干吃。在天上见过飞机，没见过撒什么东西，飞得不高。闹不清楚有没有来过土匪。

采访时间：2009 年 8 月 31 日
采访地点：巨鹿县堤村镇楼里庄
采访人：白丽珍　陈颖颖　张鹏程
被采访人：梁振其（男　81 岁　属蛇）

我叫梁振其，81（岁）了，属小龙的，在学校念过四年书。逃吃回来后当过几年队长。民国 32 年的时候家里有奶奶、父母、三个妹妹、弟兄两个，我排行老大。

梁振其

民国 32 年旱灾，庄稼一直不长，旱灾

很严重，什么都没种，种上的都旱死了。一直到七八月份，谷子出来旱死了，阴历八月十八老天下了大雨，接连下了七八天大雨，没有引起洪水。下雨以后撒了点油菜。民国33年，种上了庄稼，生的蝗虫。

那时候村里一共有200多口人，逃吃的人数闹不准，我是三四月出去的，有的人去了内蒙古的三老营，还有山西，我回来以后，听说村里一天饿死八个。也有霍乱病，就是上吐下泻，闹不准一天死多少人，那会儿治不过来，那是下雨以后得的病，下雨以前也有。

民国32年我见过日本人，村里来过日本人，他们住在城里，没见过穿白大褂的。你要想出去，日本人开个通行证，只许村民通过。给小孩子发糖，咱也不敢吃，有的给小圆饼干，我吃过一回糖块。那时候不注意天上有没有飞机。

民国32年以前有过土匪。

南陈庄

采访时间： 2009 年 8 月 31 日
采访地点： 巨鹿县堤村镇南陈庄
采 访 人： 白丽珍　陈颖颖　张鹏程
被采访人： 陈庆于（男　83 岁　属兔）

陈庆于

我叫陈庆于，83（岁）了，还记得七月二十五生日。不认字，没念过书，不是党员，"文化大革命"的时候当过支书。民国32年家里有哥哥，一个弟弟，有父母，一个姐姐去了山西，妹子饿死了。

那年灾吃，地里不收点啥，七月初一下的雨，地里麦子没收，人吃花籽、糠、树叶子。下了雨也没收啥，下得大了晚了不收了，哩哩啦啦下了几天，到立秋了，下得晚，没有上大水。

旱灾时逃吃，村里都没人了，我也逃了，逃到了柏乡县，这里人去山西、关外的都有，数山西去的多。回来的多了，死不了就回来了，饿死的可多了，谁记得了，死了有百八十人。逃吃在下雨之前，春天就走了，下雨之后就回来了。得病也看不了，说死就死，下雨以后有霍乱，又啰又泄，看不及，得病死的人多，不记得了。

民国 32 年以后，有蝗灾，庄稼吃得没有了，民国 32 年没有蚂蚱。

见过日本人，戴钢盔，跟八路军打仗，不检查身体，也没有给小孩子东西吃。日本人飞机愣小，进城扔了两（个）炸弹。在刘酒务那儿有一个炮楼，堤村也有，城东城西都有，多了，小刘寨、田家屯（也有）。日本人抓过劳工，就有一个名叫大山，抓到哪里了不记得，抓人不很多，都死到外边了，抓劳工给他们服务。有土匪，三两个的，没家。

南刘庄

采访时间： 2009 年 8 月 31 日

采访地点： 巨鹿县贾庄镇南刘庄

采 访 人： 赵曼曼　郑文娟　常　乐

被采访人： 刘凤辰（男　84 岁　属虎）

刘凤辰

我叫刘凤辰，84（岁），属虎，小时上学上到 12（岁）就不上了，后来日本人来了，日本人在我 12 岁来的，民国 32 年，那时我 19（岁）了。

那年旱灾，旱得不行，种不上庄稼，老百姓都吃啥？腌咸菜、野菜，有些地方，蚂蚱、谷秕子，咔嚓咔嚓吃了。没有其他病，有霍乱，死人啦！有时一天能埋四口，俺村不大吧，一共四百来口。还说什么病，反正是饿的。痢疾，主要是吃菜，吃腌咸菜吃的。

民国 32 年，是大灾吃，有名的大灾吃年。那会儿土匪、军头可多了，有八路、民军，民军就分好几十块，咱都不能过，你村里还得拿公粮。

日本人见人就杀，一个老头 70（岁）啦，活着成人精了，日本人来了，见他光棍一个，说你是八路，他其实不是，就把他杀了。日本人来了，家里有粮食也不能吃，日本人来了抢，拿走了，把好干粮给你拿走，他们来，得吃好的，我们都吃菜，吃的腿都流水。

抓劳工的多了，有的就到日本国去了，俺村有两人被抓走了，本来在孔家镇住着，听说皇军来了，就跑，一会儿给人家追上了，骑上马追的，问你是八路吧，说不是还打，捆着，给扎死了。

南乔庄

采访时间：2009 年 8 月 31 日

采访地点：巨鹿县堤村镇南乔庄

采访人：张吉星　葛丽娜　普　敏

被采访人：乔存章（男　82 岁　属龙）

乔存章

灾吃年是民国 32 年，因为旱，从春天开始直到立秋阴历六月不下雨，立秋过三天才下雨，下的雨不是很大，没有下几天，但能种地了，谷子黄芽了。那一年下霜，旱得很厉害，没得吃，饿死了好多人，好几十个。

好多人都逃吃了，逃到山西，农历四五月份都开始逃吃，那时候我 16 岁。我也逃吃，逃到了高邑县，民国 32 年冬天才回来，那里离南乔庄很近。我是听说下雨后，有了收获才回来，在那边要饭。

蝗虫大约是我 20 岁时闹的，具体时间记不清了。霍乱转筋不是那时候。我 9 岁的时候下大雨下了 40 多天。后来 1963 年发了大水。

日本兵抓人去给日本军队干活，当皇协军，有被抓去日本的，乔永坤，他后来被放回来了。

前安子

采访时间： 2009 年 9 月 3 日
采访地点： 巨鹿县贾庄前安子
采 访 人： 栾晶晶　赵媛媛　夏世念
被采访人： 王孟西（男　87 岁　属猪）

王孟西

我叫王孟西，87（岁），属猪。上学上了一年多点，日本人一过来就没了学校，我上的是老蒋办的学校。

民国 31 年没收，民国 32 年也没收，民国 33 年就收了。地里啥也没有，都旱死了，啥也没有。民国 31 年没下雨，民国 32 年七月初六下的雨，下了 40 天，有缓的时候，有大的时候，七月初六到八月十五下了霜，地里啥也没收。民国 32 年没有洪水，就是不能收。

人饿得不能动了，七月初就开始下雨，四月里就开始死人了，逃得都没人了，上西北、山西，哪儿都有。有得病的，也没医生，谁知道啥病。

过了灾吃年是蚂蚱，蚂蚱可多了，生蚂蚱是民国 34 年，高粱都黄了，高粱都（被）咬了，地里蚂蚱多得都看不到地皮了，挖个沟，一团（蚂蚱）就没了。

这里有 30 多个日本（人），1000 多皇协军，皇协军多，日本人不打人。

采访时间：2009 年 9 月 3 日

采访地点：巨鹿县贾庄前安子

采访人：栾晶晶　赵媛媛　夏世念

被采访人：王西申（男　78 岁　属猴）

王西申

　　我叫王西申，78（岁），民国 32 年时我 12（岁）了，属猴。没大上学，上过几天。

　　那几年旱，连旱了三年，民国 31 年、民国 32 年旱，民国 33 年能种上麦子，民国 34 年开始收了。民国 32 年没下大雨，种了点棉籽，收不好，下了点雨，不能种地，哪天下雨我记不清了。地里有啥？啥也不能种，麦子长有一拃高。可受罪了，麻糁，就吃那个。

　　民国 32 年没有洪水，洪水是在 1966 年，民国 32 年下了雨，不小。民国 33 年种上麦子，蚂蚱不少。

　　见天埋人，抬都抬不动，饿死的人多着呢，村里那时候有 120 口人，都逃走了，连死带逃吃，有一半人死了。那时候一亩地 100 斤粮食都收不了，几月开始死人我记不清了，到外边要饭，过年以后回到村里点的人数，逃到山西的多，饿死的人真多。

　　霍乱病死了些人，我奶奶得了这病，连哕带泻，也不能吃个啥。那年又不下雨，猛一下雨，人都受不了。哪有钱治？没医生，得那病就不好治了，七月里有得霍乱病，下了雨生病。见天埋人，卷卷到地里就埋了，得病的多，没人治，年头好点就没病了，那时候凭天吃饭。

　　日本人我见过，不打小孩，给块饼，那时我有七八岁，也不抓小孩。我给人当伙夫，给人修道，修土路。跟村里要劳工，你不去也得去，自己带东西去吃。日本人没有检查身体。

前堤村

采访时间： 2009 年 8 月 31 日

采访地点： 巨鹿县堤村镇前堤村

采 访 人： 栾晶晶　赵媛媛　夏世念

被采访人： 郭仁慈（男　83 岁　属兔）

郭仁慈

　　民国 32 年七月初下的雨，下得愣大，下了一天。没有洪水，没啥吃。死的人多，饿死的，只能吃野菜。可不干旱！干旱得不能耩地不能种，都吃野菜。多半去逃吃了，过了灾吃年，就没什么人了。死得不少，有七八十到一百，一家一家的走。

　　蚂蚱多，庄稼都吃光了，秋天开始的蚂蚱，蚂蚱可多了，盖天了，地上一层，庄稼都吃光了。不记得哪一年霍乱。

　　我没见过当苦力的，见过日本人，他们一来我就跑了，我逃到了山西。

采访时间： 2009 年 8 月 31 日

采访地点： 巨鹿县堤村镇前堤村

采 访 人： 栾晶晶　赵媛媛　夏世念

被采访人： 王贵民（男　81 岁　属蛇）

王贵民

　　民国 32 年没下雨。不记得干旱什么时候开始的。有洪水，严重，房都倒了，不知道哪个方向来的，等了个数月就没有了。老百姓有去逃吃的，没啥吃的才走的，我去山西了。

塔堤村

采访时间：2009 年 8 月 31 日
采访地点：巨鹿县堤村镇塔堤村
采 访 人：栾晶晶　赵媛媛　夏世念
被采访人：靳丙麦（男　76 岁　属狗）

靳丙麦

　　我叫靳丙麦，76 岁，属狗，上过小学，一直住在这村。

　　民国 32 年七月初五下了雨，反正能糊地了，不记得多大，不是很小，没有洪水，不知道有霍乱。头年麦子没收，旱到了七月初五，旱得地里一片土坷垃，收了五六斤粮食。下雨后种了点荞麦、油菜，吃油菜叶，没记得有蚂蚱，灾吃年后面多。

　　民国 32 年饿死得多，可多了，那时村里 400 多人饿死了七八十口。逃吃的可多了，上口外、山西，上石家庄、包头，都有，记不住了，多了。

　　我没见过日本人，那年有五个人抓去做劳工了，连修、许先、占先、大申死了，永潭回来了。

采访时间：2009 年 8 月 31 日
采访地点：巨鹿县堤村镇塔堤村
采 访 人：栾晶晶　赵媛媛　夏世念
被采访人：靳来朝（男　77 岁　属鸡）

　　我叫靳来朝，77 岁，属鸡，没上过学，一直在这村。

民国32年旱，地里干，没耩上地。到立秋下的大雨，能种庄稼了，下了几天，没有洪水，一亩地能收了100多斤，下雨之后吃麻糁、花籽、菜籽。

靳来朝

饥吃年饿死人不少，不知道有多少，都逃吃了，往山西，哪都有。那时候没吃的，得病就死了，有拉肚子死了的，不是很多。民国32年没有蚂蚱，有一年有过蝗虫，是在灾吃年以后，不是很严重，一条条的。

我见过日本人，没有发东西，没体检。我给他们建过岗楼、修过道，当劳工给他干活，抓去的都死了，有回来的。

田庄村

采访时间：2009年8月31日
采访地点：巨鹿县贾庄田庄村
采访人：赵曼曼　郑文娟　常　乐
被采访人：田水耕（男　82岁　属龙）

田水耕

我叫田水耕，属龙，没上过学。

民国32年旱，到八月才开始下的雨，头前地里啥也没有，旱的，后面开始下了。民国32年蚂蚱多，我们都沿着沟抓蚂蚱，饿不死的都逃走了。日本人在这待了8年，有皇（协）军。

甜水张庄

采访时间： 2009 年 8 月 31 日

采访地点： 巨鹿县堤村镇甜水张庄

采 访 人： 栾晶晶　赵媛媛　夏世念

被采访人： 王永鸢（男　77 岁　属鸡）

王永鸢

我叫王永鸢，77 岁，属鸡，上了两天学，不认字。

民国 32 年七月初五之前一直干旱，那会儿没井不能浇地，种不上，地里没收，吃野菜，年轻人都走了，逃到山西、河南、河北。逃吃剩下老人、小孩，成人都走了，有几百口。

后来下了一场大雨，收成不好，一年收不了多少，人多收得少，都饿死了。

有蚂蚱乱飞，一飞把天盖住了，看不到了。那时候没庄稼，种不上地，蝗虫大概是在七八月，割麦时。霍乱是麦前麦后，下雨前，立秋之前。呕吐、哕泻，不知道原因，饿的，那时候没治。得病大部分是霍乱，有一二百口，没钱治，就等死，饿的。那时候一家有好几个人躺炕上，能不传染吗？就算有扎旱针，来不及就死了，没药。我父亲、祖父、兄弟六个人，大部分得霍乱了，哕、泻，我家 40 多口死了十几口。

日本人光抢，有劳工，抓人不少，抓那些人名字都忘了。

采访时间： 2009 年 8 月 31 日

采访地点： 巨鹿县堤村镇甜水张庄

采 访 人： 栾晶晶　赵媛媛　夏世念

被采访人：邢凤佩（男　77岁　属鸡）

邢凤佩

　　我叫邢凤佩，77岁，属鸡，小时候家里条件不行，没大上学，在家里干活，念了二年级。

　　那年旱，春天没种地，到七月才下的雨。不能种东西了，只能种菜，粮食不能种了，吃野菜，那生活不行，雨不很大，没洪水。

　　那时候，大部分人饿着，饿死了很多。病得没怎么样，听说过霍乱病，俺记得那时候咱村不到500口，饿死的没具体数，有一天死得最多，八个。人都逃到口外，过山西，在包头那一带，逃吃那时候把小孩都卖了。逃吃的人不少，一家一家的。

　　民国33年，有大蚂蚱，都带翅能飞，把庄稼祸害了，六七月时候有蚂蚱。

　　我见过日本人，在那个年代，日本都在村里扫荡，皇协军坏，日本人没有检查身体。有抓劳工的，小孩没事，年轻人抓走了，去当兵了，他怀疑你是八路军，都有一直没回来的，大部分回来了，抓走了40多人，三年后差不多都回来了，最晚的有四个。邢凤深、王朝凤、杨同五、王西栋，这几个都没了。

王堤村

采访时间：2009年8月31日

采访地点：巨鹿县堤村镇王堤村

采 访 人：栾晶晶　赵媛媛　夏世念

被采访人：靳林显（男　83岁　属兔）

我叫靳林显，男，83（岁），属兔，上过小学，一直住在村里。

民国 31 年没下雨，一点雨也没下过，地里没点什么，有啥吃啥，没啥吃，那时候死了不少人。民国 32 年七月初五下的雨，初八立秋，阴雨连绵整天下，地皮没干过，都不收了，到十月一才收的。整天下，没有洪水。

靳林显

民国 32 年逃得没啥人了，都逃到口外、包头、山西了。那年头不好，生活吃不好，人都逃吃在外了，剩下没多少人。有得霍乱的，上哕下泻，那时候没有医生，只能扎扎旱针，医生也不顶事。

民国 32 年，有蚂蚱，那是天意，地里围得一片乌黑的。

有叫去做劳工的，人家叫你能不去？（去）盖城墙，抓走的都死了。

采访时间：2009 年 8 月 31 日
采访地点：巨鹿县堤村镇王堤村
采 访 人：栾晶晶　赵媛媛　夏世念
被采访人：张庆礼（男　70 岁　属龙）

张庆礼

我叫张庆礼，70 岁，属大龙，上过高小，一直住在这村。

民国 32 年主要是干旱，一春天没下雨，二月到六月，地里啥也不收，那年七月以后种了点荞麦。七月初五下的雨，地里都没收，收了点油菜，下得能种菜了，下了没几天。那时吃不好，挖野菜，找龙须菜，地里没多少，死了很多人。民国 32 年死得人多，家里，外头，人都逃到山西了。

那时候有传染病，霍乱转筋，一得病就死，没医生没钱治，发高烧，吐、泻，这个村死了二三十个，也有逃吃的，有当兵死的。

过了灾吃年的第二年，上过一回蚂蚱，地里净是蚂蚱。

我见过日本人两次，从道上过，那时几岁，给过我李子，他不打老人不打小孩，没有检查身体。有去做劳工的，那都死在外面了，死了好几个，回来的不多。

西佛寨

采访时间：2009 年 8 月 31 日
采访地点：巨鹿县堤村镇西佛寨
采 访 人：张吉星 葛丽娜 普 敏
被采访人：马石头（男 75 岁 属猪）

马石头

我叫马石头，我 10 岁时，是民国 31 年、32 年，闹灾吃，因为天旱，两三年没下雨，从九岁开始没下雨。民国 32 年阴历七月份下了雨，不大的，能种萝卜和菜了，下透地了，下得时间不长。听说过下 40 多天的雨，不太清楚。

村里有很多人逃到山西，有的卖衣服去换粮食，村里人都是民国 32 年春天开始出去，逃到山西。我没去，我父母不让出去，家里也没吃的，我父亲就是饿死的，村里饿死的不少。

不知道闹什么病，听说过霍乱，但不太清楚，民国 31 年、32 年七月得了霍乱，没听说上吐下泻，有得病死的，咱也不清楚原因，死了就抬出去埋了。

蝗虫是过了灾吃年，七月份的时候蝗虫很多，那是谷子正熟时。那时日本人已在这里，有很多人都被抓去了，有的抓到巨鹿干活，有的抓到外面都不知道去哪了，没有消息了。

采访时间： 2009 年 9 月 3 日
采访地点： 巨鹿县王虎寨镇董坚台村
采 访 人： 孙维帅　矫志欢　李晨阳
被采访人： 张存景（女　74 岁　属鼠）

张存景

我今年 74（岁），属鼠的，娘家是西佛寨的。

我那会儿还小，光知道那几年三季不收，俺娘家那里那会儿盖了岗楼，还有皇协（军），这都不是一方面造成的。反正我就知道从啥时候啊就三季没收，不下雨。后来就下开了，反正下得房倒屋塌，下得地里种了庄稼，下了 12 天，种上油菜、荞麦了。下了之后没发水。这样可不饥吃，没东西吃吗？那会儿也没啥吃，那么小的枣就吃了，那年麦子都没收，一开春就光吃野菜，民国 33 年过了麦才收点。灾吃时没东西吃，捋榆叶、树叶，树皮都没了，没啥吃，都饿死了。大旱的时候地里一点庄稼没有。

一家一家的都逃吃去了，民国 32 年不收，民国 33 年春天逃吃。反正光记得是春天，下雨了以后收点油菜。逃到山西，后来反正有回来的，也有死外边的，那时小，也不记得逃了多少，反正逃的不少。

蚂蚱在后，那会儿都解放了，民国 33 年、34 年也没生蚂蚱，地里都没啥，后来的蚂蚱特别多，一过去庄稼就没了，那高粱、谷子都给咬了。不记得生了多少日子蚂蚱，说走，一下子就都飞走了，时间不是很长。

得霍乱反正是热的时候，不少，连着跑茅子，连着哕，一大些人得那病。谁知道传染不传染，也有扎针的，该死的死了，该好的也好了，得的人也不是很多，连哕带泻，那会儿我还小哩，就那一段时间，过去了就没了。那会儿有洋井，俺那是洋井，有喝凉水的时候，喝了也没事。

俺那村里有个岗楼，是皇协军盖的，占了俺们 13 亩地，岗楼可大了，一共才 17 亩，把地都给占了。皇协军成天来，日本人少，皇协军多，抓人啊，日本和皇协军都一气。日本（人）来了，打了一仗后，在村里找八路军，找着就杀了，打过一仗就在村里找，光记得他们问有八路没有，俺说没有，俺没见过日本人给东西，也没吃过。

有飞机，少，没见过扔东西，那时候还给扔了？他抓人，也打，给那家点着火把人家抓走了，抓走了就崩了，抓走就崩死了。

张怀堂

采访时间： 2009 年 8 月 31 日

采访地点： 巨鹿县堤村镇西佛寨

采 访 人： 张吉星　葛丽娜　普　敏

被采访人： 张怀堂（男　75 岁　属猪）

民国 32 年，因为天旱不下雨，直到七月初三才开始下，下得透了，下了好几天，蔓菁、荞麦收了点。那是春天开始旱的，旱得厉害，草都不长，借粮食吃。刚开始还有吃高粱面，后来没得吃，有饿死的，饿死的少不了十多个。春天还有逃难的，逃难逃到山西口外，第二年回来了，有春天走的，有过了麦走的。

闹湿病，那时候有得瘟病的，发烧、跑茅子、乱窜。不知道传染不传染，那时候医生少，没得治。得病是在六七月份，下雨前，得病的不多，见过得病的发烧。

　　蝗虫，民国31年闹了一回，民国32年又闹了一回，是在刚有麦穗还没黄的时候。民国32年是在下雨后，蝗虫特别多，多得晚上都看不见月亮，过了以后谷子全没了，被蝗虫吃光了。听人说过下过40多天的雨，我自己不清楚。

　　日本兵民国32年在村里，在村里连要带抢粮食，要人去给日本军队干活，邻村也有被抓到日本去的，在日本投降后听说放回来，这个村被抓到日本的路上都逃回来了。

采访时间：2009年8月31日
采访地点：巨鹿县堤村镇西佛寨
采 访 人：张吉星　葛丽娜　普　敏
被采访人：张仁修（男　74岁　属鼠）

张仁修

　　民国32年因为天旱，没下雨，没吃的，一直到阴历七月份才下透了，能种上地了，民国32年一春天没下雨，立秋三天后才下的雨。什么都没得吃，树上的叶子都吃光了。吃糠，糠也没有，饿死的多了，饿得把孩子都卖了。逃的也是逃到山西、口外，民国32年春天开始，往外逃。我认识的四五个都逃了，有两个回来的，有的没回来。

　　蝗虫来时特别多，就跟乱风似的，地上一堆一堆的。蝗虫来的时间不记得了，萝卜、荞麦都被蝗虫吃光了。

　　在农历八月，日本人已在村里。日本兵经常抢东西，日本人抓劳工都抓东北去了，咱村还不多。我认识的马新纪、马庆生都被抓去吉林凤县了，也有到日本国的。

　　有下雨40多天，我当时年纪小，不记得了。

　　灾吃年得瘟疫，闹湿病，连哕带泻，得了病，一个钟头就死了。传不传人不知道，死了很多人，民国 32 年收秋后，是在下雨后，死了很多人，没人管。土医生扎针不顶用。见过得病的人躺在地上，能动，得病的人上哕下泻。

西甄庄

采访时间：2009 年 9 月 3 日
采访地点：巨鹿县堤村镇西甄庄
采 访 人：张吉星　普　敏　葛丽娜
被采访人：薄恒庆（男　85 岁　属牛）

薄恒庆

我叫薄恒庆，今年 85（岁），属牛，能认点字，不多。

灾吃年是 1943 年，天旱，到立秋才下的雨，下得不小，能种地了，已经过立秋了，下雨下得晚，庄稼半收半不收，从春天开始旱的，旱了三个季度呢。

那一年天旱，就收了点荞麦，没吃的，皇协军也在这儿，饿死的多着呢，这村有，这村饿死的不多。逃吃，村里人一半吧，都逃出去了，上山西、口外、东北。你没啥吃，得想法走，就开始往外逃，有部分回不来的。

那时我是八路军，就在咱这，日本人在这抓劳工，抓劳工去日本，后来解放后，劳工都放了回来，那时赔钱了，赔得不多。那时村里得湿病的多，跑茅子，上哕下泻，说死就死，村里的病是从八月多开始的，得病就死，吃不了啥，饿的。那时候没医生，那时这村得病的有，不多，都是肚里没物饿的。

灾吃年又闹了蝗虫，蝗虫是秋天过来的，地里没啥，地种不上，都是草，那时村里人都唱"吃蚂蚱，吃草籽，不吃蚂蚱饿半死"。

有过大水，从太行山来的，但村里没进水，一直到收秋，水才消下去。有下过 40 多天雨的时候，那是在 1963 年。

采访时间：2009 年 9 月 3 日

采访地点：巨鹿县堤村镇西甄庄

采 访 人：张吉星　普　敏　葛丽娜

被采访人：薄秀仁（男　78 岁　属猴）

薄秀仁

我叫薄秀仁，今年 78 岁，属猴。

灾吃年是民国 32 年，种不上地，天旱，不能浇地，从民国 31 年开始旱的，民国 32 年下过雨，下得晚了，下过雨少数人种上地了，种的没收好，雨下得太晚了，雨是秋季下的，到了八月这块儿（才下）。

过贱年，没啥吃，村里有饿死的，不记得是谁了。那时候我村里有 100 多人，逃吃逃到口外、内蒙古的不少，我没外逃。

民国 32 年闹灾吃，是在我 13 岁时，地上蝗虫一层一层的，庄稼都给吃完了，谷子抽穗了，都给咬了，吃完就飞走了，时间不长，闹了几天，蝗虫飞到哪儿就不知道了。

闹病闹过，土话叫霍乱，具体是啥病就不知道了。得病的人渴，喝水老多，喝了就死，也就是刚过民国 32 年，是民国 33 年正割麦子的时候，得病的比较少，得病的死得比较多，特别快。

灾吃年日本人在这，日本人抓劳工到日本国，有一个人要被抓到日本，到东北时逃回来啦。后来 1963 年普遍都淹了，水是农历六月十七过来的，也下着大雨，下得时间长，下了十多天。

采访时间：2009 年 9 月 3 日

采访地点：巨鹿县堤村镇西甄庄

采访人：张吉星　普　敏　葛丽娜

被采访人：甄根发（男　77 岁　属鸡）

甄根发

我叫甄根发，今年 77 岁，属鸡。

灾吃年是民国 32 年，没下雨没收成，日军来要粮，皇协军也来要，县大队的人，一天来好几趟，刚走又来要，穷人没有粮食，日本人就要民夫，上县城里给日本人做活。

从民国 31 年秋季就没收好，民国 32 年春季开始就不下雨。旱得一直到农历七月三十晚上才下的雨，下完雨撒了点油菜，种了荞麦、蔓菁，那玩意儿收不多，下雨下得太晚了，收的不多。收的粮不多，没得吃，那时靠天吃饭，没得浇。没吃的吃树叶，榆叶用水泡泡就吃了。

饿死的、逃吃的很多，村里有 20 多个饿死的，往外走的也有十多户，有向山西的，有向泰安的。没得吃，在家光吃树叶，饿得受不了。逃吃的是从春天开始往外逃的，我在家待着，没出去。民国 32 年我家一个礼拜饿死了两口，我两个弟弟那年都饿死了。灾吃年饿死的人多，那时小孩躺在树凉里，肚子里没吃的，在外面都能看见肠子。

闹蚂蚱是在解放以后了，那漫天的蚂蚱，让你看不清太阳，具体哪一年记不清了。蝗虫没长翅，挖沟把蝗虫埋了，用袋子撮，闹蝗虫时，我不到 20 岁，也就十八九岁。那时蝗虫可厉害了，飞起来就看不见太阳了，那时比现在这个时候早，谷子还没黄呢，大概在农历六月十几，灾吃年左右没闹蝗虫。

听说过霍乱，死得快，不大会儿就死了，得病的跑茅子，那时啥病都有，没钱看。

民国 32 年日本人在这，年轻人被抓去了，说是八路，打他。抓到日本国的有好多，有抓到日本国挖煤的，冬天十一月就穿单衣裳，在那冷得不行。在那不做活就打，被抓去的八个人是白付村（音）的，解放以后就放回来了。

这里解放前没淹过，解放后淹过，1963年七月初十左右淹的。河西没过来水，这里也淹了，村里人一个劲儿地用土垫，挡着没进村，是来的水，1963年有40多天没见太阳。

采访时间：2009年9月3日
采访地点：巨鹿县堤村镇西甄庄
采 访 人：张吉星　普　敏　葛丽娜
被采访人：甄秀善（男　78岁　属猴）

甄秀善

我叫甄秀善，今年78（岁），属猴的。上过学，在民国33年到34年上的学，我是去别的村上的。

民国32年闹灾吃，没吃没喝的，吃炒面窝窝。那时母亲去赶集，我晚上五六点的时候在家自己做饭。天旱没水，不能浇地，收不了庄稼。从民国32年三四月份一直到七月份，才开始下雨，下雨了就开始在地里撒了荞麦、油菜。庄稼收不上，有做买卖的，有饿死的。

没啥吃，都往外逃，一般逃到山西、内蒙古，我大妗子（舅妈，方言）上了东北，俺二妗子逃到了山西。我没出去，大人管着，没让出去，村里逃吃走得多，这村逃出去的等年头好了又回来了，能收了，就回来了。

闹病的有，那时候也不能治，说不清啥病，那时候医生都不行，也说不清啥，主要是吃不饱才得的病。霍乱病有，也是民国32年、33年时，好像在六月份，天热的时候，得霍乱病受不了，上啰下泻。得霍乱的大多是成年人，那时候我 11 岁。

蚂蚱是还晚一些，蝗虫都是黑的，蛹子就没翅，挖沟埋，后来又有了，这是民国 35 年、36 年，地里蝗虫多得不行，一层一层的，吃谷子，飞蝗有翅，一飞看不见天。

村里大水淹过，是 1963 年，没别的，街上都是水，那时是雨季，连下雨带发水，下大雨就是 1963 年，下了一个多月，大雨小雨没停。灾吃年民国 32 年七月下的雨，下得不大，刚能种地。

民国 32 年日本人在这啊，抓劳工抓上了东北，给他做活，抓到日本国的也有，后来放回来了，赔偿了钱，放回来的时候是在吃大锅饭的时候。

张 村

采访时间： 2009 年 8 月 31 日

采访地点： 巨鹿县堤村镇南陈庄

采访人： 白丽珍 陈颖颖 张鹏程

被采访人： 张省琴（女 77 岁 属鸡
娘家在张村）

张省琴

我叫张省琴，今年 77（岁）了，属鸡的，民国 32 年住在张村，没有读过书，不是党员，俺爹当过村长。民国 32 年，家里有奶奶、叔叔、大爷、大娘、叔叔、婶婶、父母，没有兄弟姐妹。

饥吃年就是民国 32 年，头年冬天也是饿着的。那年旱灾没收入。那一年都没有下雨，一直到七月初一，谷子没收成。有钱的买（种子买得）早的，收了一点点，没钱的买得晚没收成。吃麻糁，花籽打油剩下的饼。逃吃在头麦里，都走了，大概三四月份。

七月初一下的雨，不记得下了几天，记得是六七天。屋子都漏了，村里饿死的有二三十口，那会儿俺小，不知道村里那时候多少人。张村的俺大爷、大婶都走了，俺爹俺娘都没有去，逃到山西去了，山西侯马。饿死的多。病死的不知道，那时候小，走不动，出不去，不记得听说过有谁是得病死的。

有蚂蚱，不是民国 32 年，是以后，不记得第几年，该不严重了？麦穗都（被）咬下来，（人）拾麦穗吃。

见过日本人，天天抓人，老百姓哪还敢走道上了？日本人不记得穿啥衣裳，光说给小孩东西吃，不记得什么给法。飞机不记得了，人光跑，刘酒务有炮楼。

没有见过土匪，那时候小。

赵家庄村

采访时间：2009 年 9 月 3 日
采访地点：巨鹿县堤村乡赵家庄村
采 访 人：陈绪行　杜　凯　潘多丽
被采访人：李金印（男　94 岁　属龙）

李金印

我叫李金印，今年 94 岁了，属龙的。

民国 32 年旱，没庄稼，草长得很高，下雨下了十几天，下得挺大的，连阴天，下雨的时候已经立秋了，七八月份下了。

我逃吃逃到了山西的九龙县，过了个年就回来了。逃吃的人可多了，村里基本上就没人了。饿死的人很多，都没人埋了，挖个坑胡乱就埋了。没听说过霍乱。

那时候鬼子在这，有人被抓到石家庄去了，没有回来。

民国33年有蚂蚱，连草带庄稼都吃得溜光，谷子一会儿就吃光了，可厉害了，大约是阴历四五月份的时候。

采访时间： 2009年9月3日
采访地点： 巨鹿县堤村乡赵家庄村
采 访 人： 陈绪行　杜　凯　潘多丽
被采访人： 刘云歌（女　76岁　属狗）
　　　　　　李庆彬（男　74岁　属鼠）

我叫刘云歌，今年76岁，属狗的，没上过学。

民国31年、32年都没下雨，没得吃，到了第三年七月七才下的雨，下了七天七夜，都下得淹了，庄稼也淹了，种了一些油菜和荞麦，地里都不能进人了。下雨下得房子都漏了，屋子里的水都满了。又有了蚂蚱，油菜都被吃了，蚂蚱一堆一堆的，粮食庄稼都被吃光了。

饿死的人很多，每天都有饿死的，连埋都没法埋了。逃吃大多数都逃到山西了，这个村三分之一的人都走了，街上都没人了，遍地长草，非常荒凉，家里都长草了。花籽压成饼吃，吃了之后发烧发热。

霍乱听说过，但是饿死的人多，没饭吃，逃到外面的有的就死在外面了，有的过了一两年就回来了，卖儿卖女的很多。

日本鬼子厉害得很，皇协军也有，抢粮食，抓人干活，盖炮楼，干不好就打。有的还抓到东北去挖煤，抓到外面去的基本上都没回来，那时候老百姓最倒霉了。

刘云歌（左）、李庆彬

观 寨 乡

大马房

采访时间：2009 年 9 月 1 日
采访地点：巨鹿县观寨乡大马房
采 访 人：栾晶晶　赵媛媛　夏世念
被采访人：王凤巧（女　76 岁　属狗）

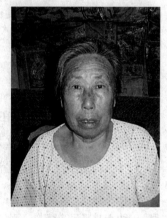

王凤巧

我叫王凤巧，76 岁，属狗。

民国 31 年就不收了，草籽都不收，那会儿收麦子都很少。民国 32 年干旱，一年不下雨就干旱，饿得不能吃物了，一亩地收没点儿，一亩地能收一布袋麦子就是多的，七月才下的雨。七月十五下的雨，下雨种上麦子了，下透了，那时候没有洪水。下雨的时候都去外面要饭去了。

人都饿死了，推着推着碾子，栽那儿就死了，推着推着磨，栽那儿死了。有得霍乱病的，一死就是那个病，死的不少，没得治，一得病就死，一天一家就死两三个。那会儿又没个医生，死了就埋了，吃糠吃菜拉肚子，谁知道怎么就死了。这边死得没人了，逃走的就逃走了，在家的都死了。

那时候日本人在那，有点粮食日本人就给你抢走了。逃走的逃走了，逃栾城去的有 300 口。人在家里就饿死了，拉肚子，一跑茅子，一哕就死了，就饿的，人反正一伸头就死了，就那么死了，那小孩的脖子都抬不起来。

那时候家里人都吃蚂蚱，墙上都是蚂蚱，都成紫色的了，压压摊摊，制那蚂蚱粥，吃蚂蚱饼。灾吃年第二年，快收麦子的时候，就是麦子快熟了的时候，那蚂蚱可多了，吃麦穗，那麦穗都（被）咬到地上了。

采访时间：2009 年 9 月 1 日

采访地点：巨鹿县观寨乡大马房

采 访 人：栾晶晶　赵媛媛　夏世念

被采访人：薛缺省（女　82 岁　属龙）

薛缺省

我叫薛缺省，82 岁，属大龙，没上多少学，上过一年小学，（在）民校。

我是灾吃年那年来这儿的，那年一年干旱，春天开始的，地里就没别的，净草，不收，没有吃的，吃草根、草籽。到七月下了雨，种上庄稼，萝卜、菜，（下）大雨，没见闹洪水。

那样了可没逃吃的？有，逃到赵县，逃吃的多了，都逃出去了，净剩我跟他奶奶，大部分人都逃出去了。

蚂蚱还往后，第二年生的蚂蚱，街上、院子都是蚂蚱，饿死可多（人）！吃没吃的，喝没喝的，在伏天六月。

我见过日本人，给点红薯片，没记得看过病，光记得打人，记得有劳工，修炮楼，村里人谁敢不去？干点活就回来了，没有抓（到）别的地方去的。

那会儿没什么病，闹日本，闹病的少，那会儿，谁看病？有的人发烧发冷，浑身哆嗦，七月下雨的那时候，就那会儿，饿的。

东铜马

采访时间： 2009 年 9 月 1 日
采访地点： 巨鹿县观寨乡东铜马
采 访 人： 栾晶晶　赵媛媛　夏世念
被采访人： 陈雪莲（女　88 岁　属狗）

陈雪莲

我叫陈雪莲，88（岁），属狗，我是 17（岁）嫁过来的。

民国 32 年有蚂蚱，可多了，挖个坑，蚂蚱就满了，那时候就吃蚂蚱。七月来的，没下雨，北边过来的。有饿死的，都逃难去了，村里没人了，过了灾吃年，上山西的才有回来的。也有霍乱，上吐下泻，反正死过人，不很多，就饿，都要饭去了。我见过霍乱，有一二百人得了，可厉害了。

采访时间： 2009 年 9 月 1 日
采访地点： 巨鹿县观寨乡东铜马
采 访 人： 栾晶晶　赵媛媛　夏世念
被采访人： 孟庆波（男　89 岁　属鸡）

孟庆波

我叫孟庆波，89（岁）了，属鸡的，上过六年小学，一直在这没出去过。

那年雨少得不行，干旱，那一年都干旱，下到地皮湿点儿，就不下了，地里不能种，都旱死了，没吃没喝靠天吃饭，苗也干死了，挨饿，没得吃，吃粮食皮、糠，一点好生活也没有。有蚂蚱，多得很，墙头根上一大堆，七月来的，记不很清了，那灾吃年谁都不好。俺这村不大，俺从灾吃年过来的，可不容易。

那年有拉肚子，没有水，旱成那样，有得病的，他就在炕上等着死，就那头麦的时候，一会儿躺着就死了，来不及治，饿得没劲，找医生也找不着，没治好的。六月，霍乱多得很，一家有两三个得霍乱的，有一部分死了。得了病传染，一个人得了其他人也得。不见医生，没有人扎针，死了就埋了，埋的人就算当时没被传染得病，一两天也就死了。那时候俺们喝井水，烧开了喝。

我在这里见过日本人，这边人都逃到藁城了，都要饭去了，基本没什么人，都走了，死人多，埋不及。多少人不记得了，占不了一半。

观寨村

采访时间：2009 年 9 月 1 日
采访地点：巨鹿县观寨乡观寨村
采 访 人：白丽珍　陈颖颖　张鹏程
被采访人：乔新缺（女　84 岁　属虎）

乔新缺

我叫乔新缺，我 84（岁）了，属虎的，生日九月九，没上过学，一天也没上过，我不是党员，没当过干部。

民国 32 年，俺爹、俺姐姐、俺妹妹、俺奶奶都那年死的，我差点，（最后）没死，那时候家里还有公公婆婆，弟兄五个都在，那一年在这里。

旱灾是从什么时候开始的，（我）记不清楚了，灾吃都逃走了，吃草籽、花籽、糠秕子，没有下雨，连一个井也没有，就不收物了。在家里顾不住就走了，俺娘领着我跑到藁城待了一年，俺娘领着五个闺女、一个儿，还有一个外甥要饭，婆家一家也都逃到藁城了，上山西的多着呢。

那时候有饿死的，有得霍乱的，上哕下泻，死得有快的、有慢的。这里也没有医生，有一个老婆（婆）会给人扎扎挑挑，就用做活的针（给病人扎针）。俺爹是那年病死的，俺家里人得了霍乱病，俺爹死了，俺奶奶也是，村里一天抬得没数，就是在大灾吃那年。大部分死的人就是得的霍乱，反正许多就是霍乱，饿得没物吃。死的人都有一火车，没人抬，都扔出去了，死多少人不记得了。俺父亲叫思极，乔思极，小名叫小路，俺姐姐还有个小妹子，就是逃难在外得的病，回来以后，一个腊月一个正月就死了，她（们）是什么症状不记得了。

那年蝗灾该不有的？我还在藁城，家里生蚂蚱，他奶奶回来了，他奶奶说的，麦穗都（被）咬了，我听说的。

该没见过日本人？光抓人，上哪村去，就抓这村的人，抓去盖楼，离这三里地的马旺营有一个楼，日本（人）盖的炮楼，多得去了，北边的毛儿寨（音）、马旺营，俺那边的西口（音），离这儿十里地都有。日本人还是不多，不清楚白大褂的人。

采访时间： 2009 年 9 月 1 日
采访地点： 巨鹿县观寨乡观寨村
采 访 人： 白丽珍　陈颖颖　张鹏程
被采访人： 孙保聚（男　90 岁　属猴）

孙保聚

我叫孙保聚，今年 90（岁）了，属猴的，生日正月十六。上了两年学，脑子笨，就不上了。不是党员，没当过什么干部。

民国 32 年在家里，家里有俺父亲、俺母亲，有姐姐，没有妹妹，一个兄弟，有孩子。民国 32 年没庄稼，那三年都没收成，在地里揽点野草，吃谷皮儿、谷秕子、枕头里面的糠。这边人都逃山西了，逃哪儿的都有，一个观寨前街就剩下了三户。我没走，俺爹走了，俺兄弟也走了，我一个人在家可受罪了，日本人也要粮食。一直到七月七下了雨，才撒了点萝卜，黑家（晚上，方言）下的，没淹。

那时候也有（人）得病死，死了没人埋，一个村不过剩下十个八个的，去个三人两人的就把一个人埋了，建成他叔叔那年死了。霍乱病闹不清什么症状，饿死了吧，也穷。

蚂蚱不是民国 33 年就是民国 34 年，就地上一层，一过去溜光，连草根都不剩。一簸箕一簸箕的，光吃蚂蚱，要不是蚂蚱人都饿死了。

何　寨

采访时间：2009 年 9 月 2 日

采访地点：巨鹿县观寨乡何寨

采访人：栾晶晶　赵媛媛　夏世念

被采访人：李俊芬（女　74 岁　属牛）

李俊芬

我叫李俊芬，属牛的，74 岁，没有上过学。

民国 32 年旱，净是蚂蚱，地里不收，要啥没啥，都看不到天了，就是在春天吧。不记得雨，就是啥也不收，啥也不吃，人都饿死了，蚂蚱成串了，饿死的人多。

有霍乱病，就是跑茅子，转腿肚子，那会儿没人治。那时候没人打针，没医生，不等死还能怎么的？几月份记不得了。霍乱得了就死，得病的人多，反正俺那时候小，抬着这个人去埋，抬的人回来就死了，传不传染也不知道。那会儿村里都有井。

逃吃的有，多，在家里没得吃，人上哪去的都有。（为）找碗饭吃，有逃山西的。

不知道劳工，发洪水是后面的，灾后了，那年就是旱。

刘 庄

采访时间：2009 年 9 月 2 日

采访地点：巨鹿县观寨乡刘庄

采 访 人：栾晶晶　赵媛媛　夏世念

被采访人：刘敬坤（男　74 岁　属鼠）

刘敬坤

我叫刘敬坤，74（岁）了，属鼠，上过小学，在村里，村里雇的人。我一直住在这个村，在胡林寨上过高小，那时候小。

民国 32 年干旱记不很准，没有水，连喝的水都没了，抢水。记不得雨，洪水是 1963 年。听说（但）没见过拉肚子的人，可不，反正那种病死的不少。

灾吃年以前，咱听说村里人都逃吃在外边，没多少家户了，逃阳清（音），就在天津那一块，离天津不远，包头的。

蚂蚱我记得，那时打蚂蚱去；多着呢，挖一条沟，（把蚂蚱）往里一涌，（沟）就平了，可多了，那时候谷子已经很高了，蚂蚱一过去谷子都（被）咬完了，谷子种得晚。

反正光记得日本人在这，有点印象，劳工记不很准。

采访时间： 2009 年 9 月 2 日

采访地点： 巨鹿县观寨乡刘庄

采 访 人： 栾晶晶　赵媛媛　夏世念

被采访人： 刘灵树（女　76 岁　属狗）

刘灵树

　　我叫刘灵树，76（岁），属狗，我那时候念了一天小学，第二天不让上了。

　　民国 32 年七月才下的雨，种上谷子人要去轰蚂蚱，蚂蚱一过去都吃了，就收了几棵谷，没得吃。

　　有得病的，连哕带泻一会儿就死了，那时候哪有人治。俺爹五月死的，爷爷七月死的，俺娘 80 多（岁）死的，俺爹得病都不敢在家里睡，俺爹先得的病，肚子大，得病不敢在家里睡，在地里睡。家里穷得没钱看医生，也没医生，都说是肝炎，不传染。灾吃年的第二年有霍乱，死了没地抬，给人买俩烧饼，（才把死人）给抬地里。

　　头一年灾吃，第二年开始饿死，日本人来了都给害了，逃吃的人可多了，不逃吃就饿死了，多少年逃吃记不清了，都逃山西走了。

采访时间： 2009 年 9 月 2 日

采访地点： 巨鹿县观寨乡刘庄

采 访 人： 栾晶晶　赵媛媛　夏世念

被采访人： 王连女（女　78 岁　属猴）

王连女

　　我叫王连女，78（岁），属猴，没有（上过学），那会儿谁上学啊，我家条件不行，上不起。

　　民国 32 年光记得干旱了，那时候年纪

小，那年旱得啥也不收。记不得是啥时候，人都去要饭了，逃难了。饿的人吃花籽、灰灰菜、盐蓬菜、柳槐树叶。那会儿人浮肿，手也胖，脸也胖，哪能吃饱饭？连年的干旱，不记得下雨。1963年发的大水，把房子都漂了。

得病的怎没有？有霍乱病，拉肚子，跑茅子，得病的人多，不记得时间了。那会儿就都看不起病，没记得有医生，哪有钱看病！喝了楠楠菜（音）就不跑茅子了，这是偏方，那就是热的，上哕下泻，不知道传染不（传染）。记不清死多少，一天抬多少人，上哕下泻，很快。那都记不清谁死了，饿死多少人更不记得了，死得多。

那会儿打蚂蚱，拿个花包一抬一会儿就满了，那蚂蚱可多了，挖一尺的沟，一挥就平了，很多。谷子收穗的时候，蚂蚱滚成蛋，成天打蚂蚱。

逃外地的上隆平（音）去，在西边，去的人不少，没人在家了，在家就饿死了，有的逃到包头，现在还有在山西没有回来的。那时候吃不好，不是人的物给人吃了，肚里受不了。

马旺营

采访时间：2009年9月1日
采访地点：巨鹿县观寨乡马旺营
采 访 人：栾晶晶　赵媛媛　夏世念
被采访人：成桂琴（女　80岁　属羊）

成桂琴

我叫成桂琴，80（岁），属羊。那时候那么穷，还上学？

民国32年是七月十三下的雨，下雨以后撒了满地萝卜。春天开始旱，旱得成天挨饿，没什么吃的，没收成，不下雨怎么收？

人吃草籽，吃蚂蚱，蚂蚱可不多？一堆一堆的。（有）没有洪水，不知道。

割麦以后灾吃年，地上一片，饿死的多了，有逃吃的，咋没逃吃的？逃到栾城，多少人那我就不知道了。

得霍乱病，那一年都得霍乱，说得就得，一得就死了，上哕下泻，一会儿就死了，好的不多，反正那时候死的多，不知道有没有医生。

那时候劳工不记得了。

采访时间：2009年9月1日
采访地点：巨鹿县观寨乡马旺营
采访人：赵曼曼　郑文娟　常　乐
被采访人：唐三康（男　82岁　属龙）

我叫唐三康，82（岁）了，属龙的，没上过学。

大贱年是民国32年，没下雨，那年不下雨，七月才下雨，到七月初一下的雨，没收，初七初八下的雨，下透了，能耩地了。

唐三康

那年这有上哕下泻，有，多少是有（一些），不一定都那病，不记得有多少，那会儿医生少，就有些土医生。这个病叫霍乱，那时候就这个名，就起了这么一个名，那时候一泻一饿就死。饿死的有，有那么两家，他怕吃了没了，节省点，舍不得吃也饿死了，吃不上粮食就死了。

那年逃吃的多，我逃了，我逃石家庄去了，待了好几年，有上山西的，有一家回不来了，他家里没屋子，要是有孩子他就回来了。

蚂蚱不是灾年，没听说，一片片不一样，大面积的蚂蚱是解放以后。

日本人霸占中国，盖了岗楼，在这住，住了好几年，不让八路军活动，抓劳力，我那会儿小，才十几岁。

采访时间： 2009 年 9 月 1 日

采访地点： 巨鹿县观寨乡马旺营

采 访 人： 赵曼曼　郑文娟　常　乐

被采访人： 魏春花（女　90 岁　属猴）

魏春花

我叫魏春花，90（岁）了，属猴的，没上过学，哪上过学啊。

民国 32 年闹灾，那年旱，连个草籽都不见，没下雨，一直没下，那时候靠天吃饭，人都饿死了。"32 年不能提，提起来泪洗洗，大人孩子，苦的没吃的。"这是编的歌，那年饿死的多了，大人小孩都饿死了。

那年我逃到忻州了，人都逃那，我孩子那时候就大了，都有三四岁了，都给了人了，他俩要是跟大人就饿死了，忻州在太原北边，逃得多了。

日本人从西南来的，一天崩了七八人，（好多人在）那年都死了。（日本人）在那院找翻东西，我现在老了，记不清了。

闹蚂蚱，蚂蚱可多了，都往西北飞，那蚂蚱飞过就飞过，都往一起飞。人吃蚂蚱饿，不吃蚂蚱更饿。蚂蚱一吹有一簸箕，四月闹的，看着都是蚂蚱。民国 32 年没发水，就旱，民国 35 年才发的水，过了好几年，我记不得多少年了，我都忘了。

三河道村

采访时间： 2009 年 9 月 1 日

采访地点： 巨鹿县观寨乡三河道村

采 访 人： 赵曼曼　郑文娟　常　乐

被采访人： 赵雪花（女　80 岁　属马）

我叫赵雪花，今年80岁，属马的。民国32年，那会儿我十二三（岁），我在娘家，我娘家也是这个村的。

赵雪花

大灾年民国32年的头一年，就旱，生活不好，不能浇。一直到民国32年立了秋才下了雨，下雨耩上了棒子，才能收点绿豆，麦子也收了点。秋天有蚂蚱，从南过来的，人拿着布袋捉。人都逃到山西阳城去了，俺们村走得就剩下三四家了，都饿的，谷秕子都吃，那一年没法，没粮食吃，饿死的多。那年头死的人不少，死了十几人。民国32年，我奶奶就是饿死的，大人小孩扔的多了。

有些人是病死的，那时候得病也没得看，是瘟病，一家一家的传人，死的多了，人黄饥面瘦都走不动了，上吐下泻，饿，一会儿就死，也没个医生，有钱的有几块钱，一家一家的死得愣快。我知道有一家老头死了，儿子死了，闺女死了，数他家死得多，他姐叫贵菊，一家子就剩一老太婆、一闺女。

那时候日本（人）、八路军都在这里，日本人到处修炮楼、岗楼，马旺营一个，台东一个，辛庄一个。民国33年日本人走了。

沙井村

采访时间： 2009年9月1日

采访地点： 巨鹿县观寨乡沙井村

采 访 人： 栾晶晶　赵媛媛　夏世念

被采访人： 范新巧（女　77岁　属鸡）

我叫范新巧，77 岁，属鸡，没上过学，是本村人。

民国 32 年干旱，一春天没下过雨，地里什么也没有，就能收个小萝卜，吃得乱七八糟的。人给饿的，吃野菜、糠、花籽。立秋的时候下了雨，下得不小，具体记不清了，有好几天，下雨能种庄稼了，那年没有洪水。

范新巧

有霍乱，下雨前，六七月的时候，有使柜的有使砖的装尸体。那年死的人多了，好多霍乱病，上哕下泻，一天能死好几个，都哭爹哭娘的。这些人都是上吐下泻，治不及，得那病一会儿就死，有医生也治不及，喝点药扎扎针就好了，治好的也不少。那时候我们都喝小井里的水，烧开了喝。过九月能种点菜，这病就过了，有吃的就没事了。死的人多了，一家死很多人。

有逃吃的，走的人可不少，你走了才能活，走栾城，后来有回来的。民国 32 年，日本（人）没有发吃的，没检查身体，有劳工，记不清了。蚂蚱往后第二年，滚成蛋了，很多。

石佛店

采访时间： 2009 年 9 月 1 日
采访地点： 巨鹿县观寨乡石佛店
采 访 人： 赵曼曼　郑文娟　常　乐
被采访人： 李鸿人（男　81 岁　属蛇）

我叫李鸿人，我 81（岁）了，属蛇的。上过学，上那个学，让日本人给闹的，初小就待了一年，高小那就没有上成。

民国32年那时候日本人在这里待着，日本人要粮食，八路军也要粮食，皇（协）军也要粮食。地里旱，一旱就旱五个多月，大部分都逃了，逃山西了。我逃了，我家就剩两三人，剩下的都逃了，民国33年回来的，灾年没在家。

民国32年六月下了雨，都涝了，地里不能做活了，下雨大的不能行，下得晚了。七八月能种麦子了，民国33年又给蚂蚱吃了，没吃没喝，死的人多了，饿得卖儿卖女，都去逃难的时候给人家了。

李鸿人

霍乱病有，上吐下泻，那病好治，拿绳子把胳膊一捆，叫男左女右，拿那针一扎，就过去了，就不上吐下泻了，死不了，出了黑血，打针输液都好不了，就得扎，一扎就好，不扎好不了，扎了之后就过了。就那么一暖，那三叉的地方起个黑疙瘩，一扎就好了。我孩子得了那病，我也得了那病，肚脐疼，用针扎三两下就好了。给俺一扎，回来就好了。民国32年那会我16（岁）了，这里死了一部分人，都是说死就死，挺快的，那年是又霍乱又旱。

那年日本人还来了，男人都抓走了，不让人回来。日本在这待了八年，民国32年的时候在这。那会儿生活赖，日本人也不给你看病，八路军也要东西吃，日本人也要，日本（人）要，你得给人家送去，你要不给人家物，就来逮人。

日本人没得过霍乱，也记不清因为霍乱死了多少。得霍乱死了一部分，生活好一点就没这病了，这个跟天气也有关系。

洪水是后面发的，水淹过，1955年水大，水后就地震了。1963年淹了，1974年淹了，1979年也淹了，后面就没淹。

西冯寨村

采访时间： 2009 年 9 月 2 日
采访地点： 巨鹿县观寨乡西冯寨村
采 访 人： 栾晶晶　赵媛媛　夏世念
被采访人： 潘二五（男　85 岁　属龙）

潘二五

　　我叫潘二五，85（岁），属大龙。没文化，没上过学。

　　民国 32 年冬天我逃出去了。那年旱，啥也不收，春天就没下雨，又没有收入，只能吃糠菜、油菜籽，吃树皮，一年没下雨，也没洪水。

　　那时候逃吃的多，家里没啥人，在家里没有吃喝，到了七八月开始逃的，有逃山西的，有逃石家庄的，逃山西的人多。

　　那一年死的人多，得霍乱病死的人多了，大多数人都是得霍乱死的，一哕一泻就死了。来不及治就死了，那会儿也不治，你说上哪找医生去啊。那时候这个村有四五百口人，那会儿人不少，得霍乱死了的有 200 口，抬尸体的人回来也死了，一家死好几口。那时候人也好埋，那会儿使柜，往里一装就埋了。没有扎旱针的，过了民国 32 年就没病了，得了病都在村里，都死在村里了，民国 32 年生活紧急，就从四五月、五六月开始得的。那会儿日本人在这儿了。

　　那时候日本人叫你去你就去，白天修公路，黑天挖沟，不知道有抓去到日本的。那时候我也小，俺嫂得霍乱逃到郑州，死那了，不知道怎么得的。

　　过了民国 32 年又有蚂蚱。第二年，很多，小蚂蚱仔，挖个沟很快就满了，一过去庄稼就没。

采访时间： 2008 年 7 月 16 日

采访地点： 巨鹿县县光荣院

采访人： 李莎莎　张　艳　贾元龙　王　瑞

被采访人： 王庆申（男　81 岁　属龙）

王庆申

　　我没上过学。我退休之前当兵的，1946年 4 月走的，去参军了，那是游击队。跟游击队在济南住了十几天，从那回来后，第一战打开封，第二战打湖口，我不是党员，打芜湖，打浙江，打武昌汉口一个月后又打湖南长沙。后来我们被人领到湖南常德地区，剿匪剿了三年。到新中国成立，我们复员了，分到了民政局。后来我回来了，没办法找领导到了天津化工厂，1963 年我又回家劳动了。跟我一块儿出去参军的，100 人现在剩不到一个人。

　　民国 32 年，巨鹿大灾吃，三年没下雨，到民国 33 年才下了点儿雨，老百姓种不上粮食，只种了一点菜，那时老百姓卖房子，卖儿女来糊口。有蚂蚱，过了民国 32 年，民国 33 年有的蚂蚱，蚂蚱可多了，用簸箕轰。

　　那时听说有传染病，抬死人的人还没等到埋完人，回来又死了，死得非常快，得病的人死得就这么快，都是饿的才得病的。那时咱村有五百来口人，逃到山西占 1/3，剩下的饿死了一半。那时国家没人管，没有人治，得这病的人都是饿死的，都是饿的。得病的人最严重的时候是民国 32 年阴历六月份。

　　咱这 1963 年发过大水，灾吃年那时没发过大水。

　　日本人来时我十几岁，日本人穿呢子衣服。他说话咱听不懂，当时我生活在何寨乡西冯寨村，当时日本人一般不干什么坏事，就是咱们中国人叫皇协军的干坏事。有时候日本人认为谁是八路军，就杀老百姓，一般来说，日本人不杀人，尽是皇协军杀的人。

小王庄村

采访时间： 2009 年 9 月 1 日

采访地点： 巨鹿县观寨乡小王庄村

采 访 人： 白丽珍　陈颖颖　张鹏程

被采访人： 胡清华（男　86 岁　属鼠）

胡清华

　　我姓胡叫清华，胡清华，虚岁 86（岁）了，1924 年生人，属老鼠，读过书，读书的地方那是国民党时候办的，1938 年入的党。从 1938 年入党在村里自卫队当小队长，以后 1947 年七月任村支部书记，到 1984 年岁数大了，有年轻的（干部接任）就退了。

　　民国 32 年我家里有爸爸、妹妹六个。爸爸在 1939 年被敌人杀了。

　　我那年在本村，到七月二十，就上外边走了。逃到了山西，太原北边，在那过了个年。逃走之前这里是旱灾，该没旱灾哦？地里都没人种了，这一个村里就剩两个老太太，一个老太太被敌人整死了，另一个烧炕烧死了。那时候人光吃野菜吃得浮肿，快饿死了，吃二升红高粱掺一斗糠。那时候我把枕头里边装的糠都磨成面，筛了，再拍成饼饼准备吃，又被偷走了，一家人哭了一场。

　　这样饿死的该不有了？饿死的多了，想想可多了，得病死的也多，人吃不了东西，得霍乱病，这是瘟病，发烧，烧得难受，吃不了东西就烧死了。我二大伯在山西得了一回病，没弄清楚怎么治的，这病跟灾吃有关系。

　　村里俺走了以后雨又下大了，下了大雨从外边到里边来要坐排子，坐小船，下得可大，阴历七月二十下的。淹，那年倒没淹，就是 1963 年淹了。

　　我见过日本人，现在不愿看电视见日本人。日本人在巨鹿抓劳工，在村里没有抓劳工，在孝庄抓了。日本（人）一进中国，先是说共和怎么怎么，给小孩扔糖、烟什么的，没有吃了以后不正常的。

　　日本人就杀共产党，我见过日本的飞机 1937 年在巨鹿炸，秋天炸的巨鹿城里，飞机往下扔东西没见过。巨鹿马旺营有炮楼，毛尔寨有一个，东十一里地北无尘有一个，隆尧这儿东的秦洼有一个。

　　日本人除了抓八路、抓共产党没别的事情，干好事没他，在俺这个村里没（扔），在别的村里还扔了"中日亲善，共产党喝人血吃人肉"的宣传，有在日本（人）那里干好事儿的，日本人给发红牌，（算是）在这个组织里了。

　　后来蝗灾发生了，就是 1944 年，很严重，见房过房，见河过河，过河的时候滚成一团，跟个牛似的，小蚂蚱也救了人，人吃蚂蚱，晒干当饭吃。蚂蚱多了盖地儿了，都飞上天往南走了。

采访时间： 2009 年 9 月 1 日
采访地点： 巨鹿县观寨乡小王庄村
采 访 人： 白丽珍　陈颖颖　张鹏程
被采访人： 王保振（男　82 岁　属龙）

王保振

　　俺叫王保振，今年 82（岁）了，属大龙。嗨，那时候不能读书了，日本人扫荡。俺不是党员，也没当过干部，俺父亲是村长，俺家里那时候，有父亲、母亲，哥哥参加了八路，他死了。

　　民国 32 年蚂蚱过河，闹蝗灾，过贱年了，谷子都给咬了，光剩秆了，没籽儿，不剩粮食。俺跟俺母亲逃到了元化（音），上半年逃出去的，家里的地没法种，村里就剩几个老头几个老太婆，一家一家的都逃了。在那里待了三年，在外面做活就能混生活，找不到活做就要饭。

旱灾就是民国32年开头，没法种，日本人来了。旱灾时人吃草籽，捡树上的破枣，二小跟他娘没出去，没粮食吃，吃草籽，饿得浮肿，差点儿死了。山西回来带点儿粮食，能吃点儿。西头的小眼儿，还有别的好几个老头吧，旱灾时饿死了，小眼儿和心连都是饿死的，有十几个吧，是饿死的。那时候没法种地了，有点粮食也给抢走了，皇协军和日本人抢的，就是肚里吃不了东西。我家这儿，俺父亲是党员，敌人还找，村里要是有人供出来了，谁也不顾谁了，俺们就得跑出去。

那时候得病也不知道，村里没医生，有三百来口人，民国32年以后就剩没几个人。有老头在家里守的，家里人从山西回来带东西吃。后庄有的人得病了，上哕下泻，伺候他的邻居也死了。胡桂枝得了霍乱，伺候她的胡小三也死了，身上有蝇子围着她吃。那时候我已经走了，后来说她在街上转悠，回家闹腾，一撅就死了。

日本人抓劳工，一抓一大车，连抓带捞的，有的去了日本的煤窑，跑回来的就回来了，跑不回来的就在日本国了，投降之后又回来了，劳工自由了，也有死在外面的。我父亲就跑回来了。

这村里没有炮楼，毛尔寨往西庆营有一个，马旺营（有）一个岗楼，隔着七八里（有）一个炮楼，台头也有，这都是有炮楼的地方。土匪咱这儿没来过，隆尧那有土匪。

小寨村

采访时间： 2009 年 9 月 1 日

采访地点： 巨鹿县观寨乡大河道村

采访 人： 赵曼曼　郑文娟　常　乐

被采访人： 田志金（女　70 岁　属蛇）

我叫田志金，70 岁，属蛇，娘家小寨的，民国 32 年的事情我是听我娘说的。

田志金

我娘给我唱过歌，"灾吃年不能提，提起来泪兮兮，孩子哭着要吃的，要吃的，大人愁在心里，蚂蚱生……"。多的说不上了，我是 1940 年生的，这都是听我娘说的，民国 32 年闹虫灾，水淹，也闹瘟疫，抱俩人就死道上了，闹瘟疫，跑茅子，哕，一会儿就死了，没法儿治，不知死了多少。

大灾年下了大雨了，那年春天，下了一天的雨，小镇上一个人没死，洪水我娘没说，说旱，有蚂蚱，知了都没地方落。

民国 32 年，我们都逃吃了，我跟我娘、我大哥、我大姐都逃了，我爹在家，那会儿真苦。

这里 1955 年水淹了，你站在屋里不能起来，1963 年水淹了一回，1966 年地震了一回。

官 亭 镇

北官亭

采访时间： 2009 年 9 月 1 日

采访地点： 巨鹿县官亭镇北官亭

采 访 人： 王 青 谢学说 姜玲玲

被采访人： 李恒年（男 86 岁 属鼠）

李恒年

我叫李恒年，今年 86（岁）了，过年就 87（岁）了，属老鼠的，现在不是党员了，以前是。我是 1941 年三月当的兵，1953 年复员回来了。

民国 32 年家里闹灾吃，反正知道是不收，我走了之后十来年不在家里，解放天津以后回了家一次，我回来后都逃难走了。那时候我在军队里，1943 年上延安了。

霍乱病该没听说？民国 32 年这里闹灾吃，就俺这个小村死了四五十口人，这个出去那个又倒了，就这么快。那时候医生也不治，病死了。传染病，不知道什么病，那时候医生也不行，没人敢来，怕传染。我回来以后才知道，我母亲就那年死的。1953 年，我回来了，回来以后才知道家里的情况。别的没听说，我听他们说一下就死了，回去哆嗦哆嗦，蒙被子就死了。

这里民国 6 年发过洪水，后边还发了一回，俺这地方怕淹，淹了有两三回。西边有个堤，现在有条红义河，（水）从巨鹿那边来这边，（以前）那没河，解放以后才挖的河，堤以外是隆尧。那边淹这边淹不了，都从西边过来，西边有一个漳河，那边还有个滹沱河。

饿死不少，不过我没在家里，我也记不清，俺村的饿死也不少。

有抓劳工，抓俺村里两个，那一个叫邢振魁，被抓劳工抓走了，抓走以后跑回来了，现在死了。再一个就是那个谁，张贵臣，抓日本去没回来，哪一年我记不很清，反（正是）日本人在这抓的，到现在没回来。

就是旱，地里不收，没庄稼，那时老天不下雨没法浇了。除非有井，没井不沾（行，方言）。什么时候下雨记不清。民国 32 年以前我走了，以后闹不清。

蚂蚱闹过，闹得还厉害，那时我还小。那蚂蚱有，地里挖沟，一会儿这沟就满了，还有飞的，飞的都在墙上，落一墙都是蚂蚱，我不记得哪年，那时还没在这里当兵。

采访时间：2009 年 9 月 1 日
采访地点：巨鹿县官亭镇北官亭村
采 访 人：王 青　谢学说　姜玲玲
被采访人：张玉振（男　87 岁　属猪）

张玉振

我叫张玉振，87（岁）了，属猪的，一天都没上过学，不是党员。民国 32 年我当兵出去了，民国 32 年八月，穿棉衣裳了，我就参加八路军了，1950 年回来的，（当兵）当了七八年。中间没有回来，那时候连信也不通，公家也不让你通信，写个信来不到这里。

民国 32 年，就是日本（人）在这闹，这里日本（人）、共产党、八路军、中央军都有，中央军就是蒋介石的。他们在这闹，他打他，他打你，八路军在这挖沟，这个村跟那个村都挖通了。

民国32年灾吃，不能种地，不能种，一直旱，从过了年，一直旱到六七月里，到七月里才能种，下了透雨，雨不小，能耩地了，就是收得晚了。这雨下了没几天，没两天就下透了。没有洪水，发洪水你看我现在就不记得了，过洪水不是那一年，是以后了。

好些人病死了，吃不了东西，走着走着，一栽就死了，霍乱不少，就是那一年。我见过得霍乱的，我闹过，闹得轻，好了，霍乱要是好不了就死了。霍乱就是上哕下泻，一会儿就泻死了，从病到死不到两钟头，治不了，一闹腾，医生来不了就死了，传不传染我可闹不清。我家里那时候我俩人，还有一个兄弟一共三人，我母亲病着，死了，她是老病，她病了，我父亲叫日本人抓走了。我得病的时候是民国32年，就是七八月的吧，都穿棉衣裳了，也记不很准，不是七八月里就是八九月里，三四月得的病，下雨到七月里，我就好了。得一个多月，两个月，才能做活哩，那会儿就是只有老医生，用什么药，咱也不知道，吃药、请医生。扎针倒没扎针，吃的补药，泻得没法呀。

民国33年、34年闹虫灾，闹蚂蚱，这个蚂蚱在地里踩得咯蹦咯蹦的，铺满地，它要往南走，顺着墙过去，有坑它也跳坑里，咱们挖这么一个沟，轰轰，收蚂蚱。死人很多，日本（人）也闹，没吃的，死得可多了。都出去了逃吃，以后我就记不清了。

日本人在这过我见过，哎，我打过呢。七八月我病好了，当兵了，能干活了。日本（人）抓劳工，抓得可厉害了，叫人给他挖道，跟你要夫，有日本村长，有八路军村长，跟村里要，后来也有放回来的，也有埋了的，毁。你要是有钱行，没钱他们就说你是八路的，就给你杀了，就埋了。抓到日本去的也有，不算很多，有认识的，人家都死了，我不记得名字了，有陈营的一个，抓到日本去了，他已经死了，我不知道他叫什么，回来死了。这是后来解放了，把日本人送回去了，咱这抓的就回来了。我父亲被日本抓走了，一直不知道他的情况，以前有人说是去沈阳了，以后就不知道了，一直没有回来，我父亲叫贵臣，张贵臣，就是民国32年正月二十四抓走的，再也没回来。

北贾庄

采访时间： 2009年9月1日
采访地点： 巨鹿县官亭镇北贾庄
采访人： 杨　萍　董艺宁　张云鹏
被采访人： 崔自印（男　74岁　属鼠）

崔自印

　　民国32年大旱，那会儿一直旱，七月十二下了雨，下透了，往后没怎么下，下了算一天，地上没有积水，附近也没河。民国33年闹过饥吃，村里逃吃得都没人了，80%到90%都出去了。第二年发了蝗灾，蚂蚱多得很，就麦子抽穗那会儿，蚂蚱过后麦穗都没有了，蚂蚱盖着地面，一脚能踩死四五个、五六个，一帮一帮的，就那春天。

　　饿死的人不多，村里有生病的，不知道啥病，也不知道啥症状，有的人大肚皮，叫黑热病，后来慢慢死了。没有听说过上吐下泻的，没有腿抽筋，得病两三年就死了，没有治好的，没医生。

　　当时日本、土匪、皇协军都有，老百姓不能过了，还有小偷，日本人穿黄军装，抢东西。抓去干活的咋没有？经常派活，叫去干活，上台头、马营，附近都有钉子楼，驻着皇协军，不知道有没有抓去其他地方的。

北刘庄村

采访时间：2009 年 9 月 1 日
采访地点：巨鹿县官亭镇北刘庄村
采访人：王　青　谢学说　姜玲玲
被采访人：崔殿申（男　80 岁　属马）

崔殿申

我叫崔殿申，80（岁）了，属马的，没有上学，不是党员。

民国 32 年，记得，灾吃年，六月里庄稼都旱死了，旱得地都干了。听说七月下的雨，也不很大，反正下透了，耩了点萝卜，就吃萝卜。没有发洪水，1963 年发洪水。

那会儿日本（人）也要东西，要就得给，八路军也要，我们这净是地下党、八路军。啥都没有收，日本（人）都把家里东西要光了，村里连公粮都叫日本（人）要没了，家里啥都没有了。

有饿死的，有出去逃吃的，有的人没回来，死外边了，饿死不多，大部分都出去了，上北边的宣化，日本人抓人让给他干活，我没有逃吃，我父亲在甘肃天水，在那开馍房，卖馍馍。

到了七月里才下的雨，下了雨种了点萝卜，我去天水了，六月二十一去的天水，跟我爷爷去的，一起上的山西解州。俺爷爷会看病，是医生，解州那有俺这里的老乡，给俺爷爷介绍了个活，在一个药铺，开一个方多少钱，今天没有开方，就没工资，光管你吃，给多少我忘了，开十个方给十个方的钱。

到十一月底，我叔叔来，我们搬到了解州，在那住了几天就返回来了，在解州向西过不去，河东边就是日本（人），河那边就是国民党，黄河边那个名叫潼关，1954 年才回来。

蚂蚱有，蚂蚱多得很，谁知道是民国 32 年，还是民国 33 年？不是民国 32 年就是民国 33 年，挖个坑，用不了一个钟头里头就满了，那么多，院里都挖的净坑，天天吃蚂蚱。

那会儿霍乱闹不清了，霍乱病就是上哕下泻，老百姓传说的，见的不多，民国 32 年，那时候有发疟子，冷，盖着被子也冷，哆嗦，我们这土语说发疟子，烧，一个是冷一个是烧，跟感冒差不多。

我见过日本人，我得天天当夫去，离这 20 里路，上那去就拿两个高粱窝窝，日本人不管饭，光管水喝，到黑就回来了，我那时候才十二三岁，么也干不成，盖房都使泥，那时候也没洋灰，盖楼都（盖）圆的楼。

日本人十里路占一个钉子，十里路占一个村庄，不是抓的，是各村派的，每个村有代表，这个代表干么的？今天跟你要多少你带多少，要多少东西给他带多少，要 20 个去 18 个，就挨打，使木棍子打，不使拳头打。盖楼施工的时候我见过一回，我在院里，都在楼上干活了，（日本人）使木棍子在（代表）头上打，有冒血的，有不冒血的。

这边有劳工，南边那个村有，南边那个村抓走的，才 16 岁，陈营的，抓走了几千人，他闺女嫁到了这庄，日本投降以后才回来的，现在死了，咱村没有（劳工）。

董家庄

采访时间：2009 年 9 月 1 日
采访地点：巨鹿县官亭镇董家庄
采 访 人：孙维帅 李晨阳 矫志欢
被采访人：崔韵芹（女 84 岁 属兔）

俺叫崔韵芹，84 岁，属兔，不认字，光会写自己的名儿，不是党员。

俺 11 岁去了山西，过事了就回来了，大贱年在家，那时候都有孩子

啦，俺姑娘都六七岁了也在家，那时家里还
有娘有爹哩，还回娘家了。

崔韵芹

民国32年旱嘛，那时候有个小贱年，
有个大贱年，小贱年我18（岁）了，蝗虫
往西北飞，一布袋一布袋的，春天我记得
是，从春天就有了，秋后就没那么多了，那
高粱地里一串一串的，冷的时候就不多了，
把那麦头都卸下来了，那年反正也有麦，也
有收的。

那年不是很旱，下雨不是很多，六月
十三赶会，还买籽了哩，小贱年是小水，不大，小贱年那年俺在山西，不
在家，小水，俺刚来到城里，水就没了。

民国32年咱这村里闹过瘟疫，那吐得那水都有苦头，那时候不叫喝
凉水，喝热的，偷偷喝点凉的，也不拉肚子，光哕苦水，过贱年吃萝卜。
霍乱病，就是光哕苦水，张庄有个医生。反正那年都是这病，霍乱死的
人多，那时哪有（多少）医生啊？光哕苦水，不拉肚子，解手时也不得劲
儿，家里头也有人得的，没死的，死得不多，霍乱是过秋之后得的，发小
水之后，我记得是以后。

这里的人反正也有跑买卖的，有去奉天的，有去山西的，有去承德
的，那时俺在山西的时候见过日本人，来俺村里后抢夺物，埋活人，逮
鸡，那不是真日本人，是宪兵队的。真日本人也来过，一来狗就叫，就知
道他们来了，都跑。

不记得小贱年有日本飞机往下扔东西，那时上东营了，从东营回来俺
就上到山西了。

采访时间：2009年9月1日
采访地点：巨鹿县官亭镇董家庄

采 访 人: 孙维帅　李晨阳　矫志欢

被采访人: 董振兴（男　73 岁　属牛）

董振兴

我叫董振兴，73 岁，属牛，不是党员，上过两年小学。

民国 32 年天旱，下雨了地也没人种，都是日本人闹的，人都去外边逃吃了，地里长很高的草，不记得什么时候下的雨，多大也不记得了，那时我才七八岁。

日本人毁人、杀人、活埋，不能种地了，日本人闹的。家里有粮食，他们就拿走了，咱吃草粮，吃蚂蚱，家里有点吃的，日本人就弄走了。人饿死的多了，都跑了。日本人来的时候我不记得了，日本人走，也不记得什么时候了。吃野菜也吃不饱，有逃到北京、天津去的，俺逃到北京去了，俺不记得什么季节了，能走的都走了，逃到哪里的都有，找熟人去了，过了两年就回来了。

谁记得得病啊，没医生，有医生也看不起，都不知道什么病，都死了，没医生看，看不了。

那会儿没去逃吃的，周围都有碉堡，过来打人杀人，还能干什么好事啊？活埋的、火烧的，捆起来往坑里扔。日本人对小孩没事，皇协军对人不好，日本人对小孩好，没给吃的东西，他们说："小姑娘，小姑娘，给你个手绢。"有好的就有坏的，像咱也有好也有坏的人。

有井，有喝凉水，也有喝热水的，都从这担水，砌的砖井。天上飞过飞机，记不得了。

不记得是哪一年有蚂蚱，挖个沟，一会儿就好多蚂蚱，头麦的，收麦之前，该收麦子的时候来的，把庄稼吃了，蚂蚱光吃麦头，一黑夜就把麦头咬地上了，记不得很清了。

段升营

采访时间： 2009 年 9 月 1 日

采访地点： 巨鹿县官亭镇段升营

采 访 人： 孙维帅　李晨阳　矫志欢

被采访人： 安春花（女　81 岁　属蛇）

　　　　　　王业成（男　86 岁　属鼠）

安春花

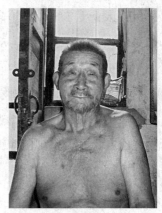

王业成

　　民国 32 年头年不是多旱，头年还有点粮食，收得少。民国 32 年开春就没粮食吃，大旱，一直没下雨，到七月七下的雨，地里都旱得没庄稼了，什么都不长，河里没水，光井里有，没粮食吃，都逃了。

　　第二年蚂蚱多得很，在地里把麦穗都给咬了，春天里生的小蚂蚱，都出来了，大部分人都走了，到四五月里就一片一片走了，我记得很清楚。

　　那时候人就吃蚂蚱，吃草籽，冬天炒草籽吃，村里都没什么人了，都逃吃了。不记得走了多少，反正没什么人了，王业成家里 12 口人就剩他自己了。俺娘家是外庄的，过贱年后我才嫁过来，逃吃的各村都没什么人了，俺爹是八路军，不敢在家，上山西走了，在家的都给整死了，我去老家了。

　　这儿没河，光井里有水，反正够吃，都没什么人了。谁知道得不得病啊，我那时得病，也没看，（很多人）都饿死了。有傻瘟病，第二年，民国 33 年有得傻瘟病的，变傻、糊涂、不清楚，有好的，也有死的，俺爹就好了，好了就不傻了，那会儿没个医生。

日本人在辛庄、城里都有，俺爹当过八路军，都抓他，俺家人都不在家，都出去了。日本人光打人，打得很厉害，狠着哩，一下子把腿打了三个窟窿，把俺爹打得不行了，三个月都起不来。日本人抓人，该不抓人啊？也打，抓人让有钱的赎出来。我八岁时日本人来中国的，不打小孩，他能给小孩吃啊？他不给！

有飞机吗？有飞机，（看见飞机）飞过，没见扔过东西。

樊家庄

采访时间：2009年9月1日
采访地点：巨鹿县官亭镇樊家庄
采访人：董艺宁　杨　萍　张云鹏
被采访人：王怀春（男　83岁　属兔）

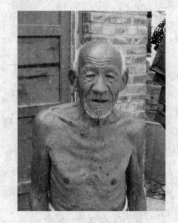

王怀春

民国32年，我去逃吃了，民国33年过年回来的，八月份走的，逃了三个月。家里没怎么有人了，都到山西太原了。

民国32年不怎么旱，八月份之前下了点（雨），地上已经潮了，没下霜，谷子都红了，什么时候下的雨不清楚。民国32年我父亲饿死了，那年饿死的人不少，有得病的，也没人管，得病时间也记不清了。我哥哥也得病死了，人都病得抬不及，人都死了，上吐下泻，扎银针，不一会儿就死了。不传染，有的整户都死了，没人管治，死了有二三百口的，得病在旱灾蝗灾之前。

那年蚂蚱可厉害了，四月份，挖个沟，抓蚂蚱吃，都抓不及，后来飞到西北方向了。

民国32年有兵，这村里也有，台头、马旺营（都）有。

高家庄

采访时间：2009 年 9 月 1 日
采访地点：巨鹿县官亭镇高家庄
采 访 人：孙维帅　李晨阳　矫志欢
被采访人：高景贺（男　76 岁　属狗）

高景贺

　　我叫高景贺，76 岁，属狗的，我上过两年小学，不是党员，那时都不敢入党。

　　民国 31 年没旱，民国 32 年旱，七月初三下透了，七月初五立秋，俺姥爷让我跟他去种了萝卜，地里下得都是水，庄稼都没收。那时候没吃的，枕头里的糠都吃了，吃树皮，能吃上树皮都是好的，枣叶、榆叶都吃，榆树皮都扒了。逃吃逃得村里都没多少人，我没逃，他们现在都有没回来的，往东三省、内蒙古、山西去了，都是热的时候逃走的。

　　那年没发大水，死得多，传染病没什么，主要是饿的，也闹了一阵霍乱病，不很多，上哕下泻，没医生看，没听说有好的，都死了。这里东边挨着河有一口井。

　　又生了蚂蚱，那边蚂蚱过来了，屋里都是，都头朝西，蚂蚱过河的时候，滚成一个团。我们挖这么宽的沟，蚂蚱跳进去，人把蚂蚱往布袋里装，能装一布袋。蚂蚱也能吃，我逮了以后，倒到锅里，放点水煮，死了再晒干，再和草籽一块儿吃，把人都吃胖了。没几天就过去了，一个挨一个，到头霜降的时候，小蚂蚱蛹子变大了能飞了，就飞走了，中午蚂蚱飞起来了，老百姓都喊："蚂蚱神，蚂蚱神，蚂蚱来了救穷人！"

　　日本人在这待了八年，村里人要去给人家干活，盖房，你干活慢了还打哩。你种几亩地，去几趟，盖钉子，给日本人盖，那时候八路军还在打游击。日本人开始不抓人，后来抓人去当皇协军，抓党员，俺村抓到日本去的有俩，赵庄有一个也抓去了，他岁数小，后来回来了，飞机没有在俺这扔过东西，抓去日本的一个叫梁小德，那个叫高庆山。

高月贞

采访时间：2009 年 9 月 1 日
采访地点：巨鹿县官亭镇高家庄
采 访 人：孙维帅　李晨阳　矫志欢
被采访人：高月贞（男　75 岁　属猪）

我叫高月贞，属猪的，75 岁，上了初小，不是党员。

那几年一共旱了三年，民国 31 年开始旱的，旱到了民国 34 年。民国 32 年七月初四下透了，初五立了秋，把草薅了，剩下苗，能见粮食了，干地耩的。七月初四开始下，下了一些日子。下得村东头净水，能蹚过去，地里没淹，潮，没薅草的都没收。河里有水，也不多，河浅得不行。那时河里没水，有水也没机器浇水，下雨以后种的没收。下雨下得很大。头半年一点也没下。

民国 32 年到民国 34 年饥吃，民国 35 年就没事了，日本人也走了。那时候吃什么？皮套都煮着吃了，吃树叶，树叶都吃光了，挖苜蓿根吃，枕头里的糠都吃了，门槛都挖起来吃了。

逃吃，哪一年都有，民国 31 年、民国 32 年都有，一连三年，数民国 32 年最苦。逃出去的多了，都逃了，光剩老头老（太）婆，年轻的都跑了。日本人还要粮食，没粮食就把房子拆了。超过一半多逃了，老人、小孩在家，家里都没人。我没走，我才十来岁，俺爹走了，俺叔走了，民国 32 年俺爹回来，那年就死了。

那时候该不有得病的？都是饿的，有传染病，那时说人灾，一天死好几个，就是传染病，说死就死。闹霍乱，不知道什么症状，没医生，就是上吐下泻，是在热的时候，下雨前得的病。那时有井，担水，煮开了喝。记不清死多少了，我那会儿十来岁，一天死好几个。

那年没生蚂蚱，是后来生的，生蚂蚱的时候晚，滚成一团，都从东往西走，路上、墙上都是蚂蚱，都往西北角走了，碰着墙就爬墙过去，"蚂蚱神，蚂蚱神，蚂蚱来了救穷人！"民国34年，人一顿一顿地吃蚂蚱，喝水，头麦的时候里来的，蚂蚱蛹子后来走了，又飞回来了，那是民国34年，一飞就盖住天了，麦头都咬下来了。装蚂蚱，装袋里，过麦就没了，（蚂蚱）把麦穗都咬到地上，（人）拾麦穗吃，有撑死的人。

日本人民国32年在这里，民国34年打走的，庄上净钉子，周围净是，在那聚着，盖楼，八路军七天七夜打那个钉子，打不了就走了。有一天晚上挖了个沟，一黑就顺着沟去，打冷枪，第二天日本人被打跑了。那时候年轻人都被抓去挖战壕，我小，没去，有抓到日本去的。

那时天上没飞机。

公长路村

采访时间：2009年9月1日
采访地点：巨鹿县官亭镇公长路村
采访人：张吉星　葛丽娜　普　敏
被采访人：王金月（女　84岁　属虎）

王金月

民国32年是灾吃年，是1943年，日本人还在这。那年旱得厉害，不能浇，不能耩地，到了农历六七月，我跟着婆家人去了山西，在山西待了好几年。那年下过40多天的雨，六七月份，高粱熟了，高粱都长芽了。

在我没走前闹了蝗虫，我在民国 33 年回来看过一次，看到蝗虫特别多，是民国 33 年的春天，蝗虫路过，树上的叶子都被吃光了，村里人都吃蝗虫。逃吃的人很多，饿死的也不少，得病的我不清楚，没听说过霍乱。

日本人在这抓村里人干活，抓去要你干吗就干吗，后来都跑了。

村里发水是 1963 年六月份的事，从大西南来的水，村里一座房没剩，六月十三开始下雨，也很大，1956 年也来了水，没进村，在村外。

采访时间： 2009 年 9 月 1 日
采访地点： 巨鹿县官亭镇公长路村
采 访 人： 张吉星　葛丽娜　普　敏
被采访人： 赵随月（女　76 岁　属狗）

赵随月

我灾吃年在这，民国 31 年就已经旱了一年，民国 32 年开春没下雨，到七月份下了雨，下得能种庄稼了，种了萝卜，耩地晚了。民国 31 年、32 年、33 年都不行。

没得吃，弄菜籽吃，村里（人）饿得慌，很多逃出去了，我那时候小，没跑，有的逃到山西北边，都是民国 32 年开始往外，割了麦逃出去的。

民国 31 年蝗虫一个劲儿往东北去，到屋顶，六月份变成了飞蝗。咬高粱，民国 32 年也闹了，旱了就容易生蝗虫，从山东过来的，割麦子的时候，把麦穗都咬了，没有民国 31 年多。

有得病死的，这个村得病有叫湿病的，高烧、流鼻血，那时我 10 岁，村里得病的多，没药没得治，记得是热的时候，得到农历五月份。

日本人在灾吃年扫荡，在俺村里扫荡了好几回。日本人抓劳工，挖坑活埋人。那时巨鹿城西街都是皇协军，晚上说杀谁就杀谁。我丈夫在十三四岁被抓到村子附近修过炮楼，打了一顿放回来，早晨带着粮食去，晚上放回来的，日本人不高兴时说杀谁就杀谁。

大水淹是 1963 年，是阴历六月十七淹的，后来 1966 年又发生过地震。

韩长路村

采访时间： 2009 年 9 月 1 日

采访地点： 巨鹿县官亭镇韩长路村

采 访 人： 张吉星　葛丽娜　普　敏

被采访人： 韩明彦（男　77 岁　属鸡）

韩明彦

灾吃年旱，不下雨，闹灾吃，不收物了。民国 32 年，春天到秋后都没下雨。旱，很多人都逃走了，一家家都没人了。我的爷爷和嫂子出去了，我在民国 32 年秋后去父亲那儿过的年，过完年回来。民国 33 年三伏天耩的荞麦。闹蝗虫，街里蝗虫多、厚，蝗虫从东南来的，一层，一撮一簸箕，是在民国 32 年收麦的时候。（蝗虫）有翅，会飞，（飞）过去是一马平川。人没东西吃，弄蝗虫吃。

灾吃年没听说有病，饿死了很多人，上岁数的死得多，年轻人能走的都逃吃要饭去了，没听说有霍乱，后来闹过，在我 20 多岁时。

日本人在这扫荡、抢东西，要吃鸡就得给，扫荡时村里干部都得迎接，查共产党，把所有东西都放翻在了地上。

采访时间： 2009 年 9 月 1 日

采访地点： 巨鹿县官亭镇韩长路村

采访人： 张吉星　葛丽娜　普　敏

被采访人： 韩锁印（男　80 岁　属马）

韩锁印

民国 32 年是灾吃年，旱年，一年没有下雨，春天下了一点，没得吃，吃蝗虫，蝗虫一咬连上旱，什么庄稼都没收了，当时种的谷子、高粱。蝗虫是过河来的，能飞就飞，不能飞的团成一个蛋子，多的用袋子装，到了六月份就走了。

人都要饭，我自己也和家里人逃吃走了，我是在第二年秋后回来的。民国 33 年只在地里收了点绿豆，民国 33 年下雨下得比较晚，民国 34 年就开始好点儿啦。

灾吃年没听说闹过瘟症，这个村没得过霍乱，但北官亭闹过，死了 30 多人，我当时十五六岁，这是在灾吃年后，不太清楚原因，得病的人就是上哕下泻。

那时候日本人也过来啦，抢东西扒锅，我那时候是被村里派去给日本人当夫了，日本人跟村里要人修炮楼、挖沟，那一年我大概是十二三岁。

1963 年大水淹得村里很多房子都倒了，六月十七来的水，上面下雨，水从别的地方来。在我很小的时候下过 40 多天的雨，都不记得了，只听别人说过。

后董营村

采访时间： 2009 年 9 月 1 日
采访地点： 巨鹿县官亭镇后董营村
采访人： 王 青 谢学说 姜玲玲
被采访人： 田恒科（男 80 岁 属马）

田恒科

　　我姓田，叫田恒科，今年 80（岁）了，属马的，上过学，上过两三年，中学毕业，那时候上不好学，马马虎虎，我就是属于简单中学。（我是）离休干部，离休之前在乡里，是乡里的书记，好几年了，是党员，不是党员当不了干部。那年我家弟兄三四个，我家里没饿死的。

　　民国 32 年记得不多了，那时灾吃年，吃的不行，没物，收的也少，旱，没收。人都逃吃要饭去了，到外面打工去了，我没有逃吃，我那时还小，十来岁，在村里。这村里那时候人少，有四五百口，逃吃的有多少说不清，那年都没什么人了，都逃吃了，上哪的都有。

　　什么时候下的雨闹不清了，反正民国 32 年那年是大灾吃，都知道。那年下大雨不多，不敢说有什么病，饿死反正不少，有霍乱，得什么病的都有，饿死的、得霍乱的。躺那儿不能动，看病吧，没医生，没钱，霍乱就是饿，实际上就是饿死，吃不着物，就得这个病那个病，没有上吐下泻的。

　　闹过蚂蚱，闹不清了是哪年，蚂蚱吃物，有庄稼都给吃了，草也给吃了，反正灾吃年的时候人都没吃的。

进头营村

采访时间： 2009 年 9 月 1 日
采访地点： 巨鹿县官亭镇进头营村
采 访 人： 杨　萍　董艺宁　张云鹏
被采访人： 陈庆余（男　93 岁　属马）

陈庆余

　　民国 32 年过贱年，大约有一年零八个月没下雨，那年饥吃可多了，人都饿死了，不少，具体多少说不清，没病的都是饿死的，这个村里 100 多人只剩下 7 个人了。逃吃的也说不准什么时候回来的，大约待了一两年就回来了。

　　当时我在姥姥家，没被饿死，有往山东逃吃的，人数说不清。上吐下泻的病有吗？那时候顾不上这个，就是知道一天死七八个，还走不到家，半路上就饿死了，上吐下泻的病，说不清什么病，抬棺的人回来，半道上就死了。

　　民国 32 年蚂蚱太多了，上面大蚂蚱飞，看不见天了，天都成红的了，地下得有 10 公分厚，往东北飞走了。

　　那时候日本抓人给他干活，白天叫人挖沟。

采访时间： 2009 年 9 月 1 日
采访地点： 巨鹿县官亭镇进头营村
采 访 人： 杨　萍　董艺宁　张云鹏
被采访人： 武殿平（男　75 岁　属猪）

民国32年是大贱年，七月才下的雨，绿豆收了一点，两党两派都来要，那时候穷。七月下雨下了七八天，下得可大了，六七天的小雨，地上没有积水，不过湿透了，一脚下去能没到脚脖子。过秋以后生蝗虫，把麦头全咬了，咬后就飞走了，那年的收成，收了一部分，咬了一部分。

武殿平

有逃吃的，但不多，我没逃，这边的人一般逃到藁城、栾城。只能吃糠、谷皮了，饿死的不多，得病的有。

也听说有霍乱，少数，上吐下泻，没有转筋，大多数是饿死的，病死的愣少。

民国32年日本人很少了，皇协军多，我六七岁的时候日本人多。这个村子里没有日本人驻扎，在马营、台头有钉子楼，我成天去台头当夫，也去马营，当时我10岁，只能在工地搬砖、和泥。村子里很少被抓去关外的，有一个被抓走了一直没有音讯，听说他是画家，可能是高明俄（音），但具体的不知道，他被抓走以后就再没回来，不知道去哪儿了。

李吾营

采访时间：2009年9月1日

采访地点：巨鹿县官亭镇李吾营

采访人：王　青　谢学说　姜玲玲

被采访人：王林江（男　82岁　属龙）

我叫王林江，82（岁）了，属大龙的。我没有上过学，那时候上学没时间，得给家里拾柴火。是党员，不记得什么时候入的党了。

民国 32 年，那个该不记得？那年就是大旱，下不下来雨，没雨我才出去的，那年我没在家。三月那时候，就耩不上地了，就出去了，这边逃吃的多了，要饭到石家庄，俺家里都出去了，待了四五年，那时候我还小，后来岁数大点了，就在那里推土。

王林江

后来下了点雨，七月里，七月初三，那时候我在外面了，没在家里，听家里说下了点雨，下透了，点豆子晚了，种了点晚庄稼，我在外边了，家里的情况不了解。

民国 32 年闹食病，北官亭也有，咱村里没有，闹食病晚，靠后，不是民国 32 年，不是那时候。

采访时间： 2009 年 9 月 1 日
采访地点： 巨鹿县官亭镇李吾营
采 访 人： 王 青　谢学说　姜玲玲
被采访人： 张庚年（男　80 岁　属马）

张庚年

我叫张庚年，80 岁了，属马的，上过学，上过二年小学，不是党员。

民国 32 年我亲身经历了，那还不记得？民国 32 年，是个大旱年，不收什么，到七月才下的雨，七月初三才下雨，过两天下透了，种了点庄稼，种点萝卜菜，别的也收不着，收有限的一点，大部分都种的小绿豆。

那时候有出去逃吃的，逃吃的多了，俺门前的还少，东南的更多，威县也更多，去山南海北都有，都是去打工，挣点钱，维持生活，上哪去的都有。我那年出去了，离得不远，我去了哥哥那，他在西边，好几十里，没走到就回来了。春天里出去的，待了几个月就回来了。

七月里下了雨，雨不小，下透了，能种庄稼，种庄稼大部分都晚了，下雨连续着下，我耩了几亩谷子，耩错了。那年冬天不冷，该上冻冷了，它不冷，晚了半个月，要不晚半个月就要下霜了。

民国32年俺这死人不少，饿死的不多，那时候净逃吃的。当时有霍乱病，是夏天里，吃不饱又热，才得的，心慌，肚里没东西。咱村的庆新，他得的霍乱病，叫王庆新。这都多少年了，那都不记得了，他是民国32年得的，倒在地里了，还没治，他就断气了。那时我那么大了，还不知道啊？人晕倒了，就是霍乱病，霍乱病就是肚里没物，吃不着东西才得霍乱病的，很快就死了，头晌午得的，不大一会儿就死了。那时咱不知道其他症状，光知道得了霍乱病，还在外边就不行了。

人连做活带没物就要得霍乱病，热的时候才得霍乱病，要是热得受不了了，他回来就没事了，他凉快了，凉快了就好了。这个病能治，怎么治不好呀？一发烧就要回来，吃点药它就预防了，就好了，就没事了，你要治得晚，你就不行了，就死了。那时候农民找个医生不容易，吃点中药补养补养就扛过来了。上哕下泻的也有，不一样，上哕下泻一会儿就完了，饿的，有上哕下泻这个症状，不上哕下泻就没事了。

得这个病是下雨之前，下了雨就好了，一凉快就好了。天旱，热得人受不了，就是不下雨的时候才闹那个，下了雨，凉快了得霍乱的就少了。

民国32年，蚂蚱从南来，盖地来，到处是，一走咯吧咯吧的，都是蚂蚱，人没吃的没喝的，就吃蚂蚱，都说"蚂蚱神，蚂蚱神，蚂蚱来了救穷人"，蚂蚱逮一下子，放锅里炒炒就吃了。民国33年也是，咬了种的麦子，光咬穗，把穗都咬下来了。

那时候我成天跟日本人在一块儿，见天当夫去，日本人还戳了我两梭子呢。都是各人去，日本人跟村里要，村里就派你去。抓日本国的多了，俺这会儿不多，清华叫日本人抓走了，具体什么情况不知道。那时候灾荒年，谁顾谁呀？有的出去就不回来了，抓劳工叫抓了，王清华没回来，有可能死在日本那了。

采访时间： 2009 年 9 月 1 日
采访地点： 巨鹿县官亭镇李吾营
采访人： 王 青 谢学说 姜玲玲
被采访人： 张海宾（男 78 岁 属猴）

张海宾

　　我叫张海宾，今年 78（岁）了，属猴的，上过小学，小学毕业吧。不是党员。

　　那年是个灾吃年，你要问我，我不记得了，咱这老农民还记得这个事？那年是很旱，从春天就旱，没收物，不记得早到什么时候。秋后下的雨，几月份不记得了，咱又不工作，谁记得那个？没收麦子，秋季里也没收。1963 年发的大水，民国 32 年没发。

　　民国 32 年那时候是人吃人的年景，有的人逃走了，没逃走的在家里也得死。过贱年，村里逃走得没剩下几个人了，有上石家庄的，有上太原的，上哪里的都有，好的年头就回来了。我没往外逃，我在家里呢，我那家里有七口人，俺爹、俺娘、俺哥哥、俺兄弟、姐姐、妹妹，饿死了一口子，我记得反正是。

　　有得病的，这么长时间也忘了，不记得有得什么病的了。有得霍乱病的，上哕下泻，民国 32 年、33 年那时候净得霍乱病，热天里好得这病，你说几月里我不记得。得那病的多了，有死了的，死多少人，时间长不记得了。我见过，得霍乱就是上哕下泻，下雨以前得的霍乱，下雨以后就少了，热天得霍乱。

　　县医生说那是霍乱，俺村有医生，治的不少。时间长了不记得传不传染，反正那病民国 32 年不少，那病，怎么说呢，离得近就有传染，不在一块儿住就好。我那时候也不串门子，光在地里做活，那时候小孩也做活，那时候不上学。得霍乱死得快，半个钟头一个钟头就死了，你得赶紧治，你不治就死了，俺村有个老医生。这都多少年了，你要说咋治，咱不懂，咱也不会，咱也不问，治得好就行了。

我见过日本人，那时候反正是不给粮食就打。他不干活，跟老百姓要，给他当夫，给他修楼，修这个，修那个。我还当过夫，小孩去了不挨打，揍青年，都有被活埋的。杜清廉叫日本人挖了个坑给活埋了，给他磕头作揖，才挖出来，才活了，那人死了有五六年了，80（岁）死的。日本（人）光在这抓人，张岳楼的媳妇给抓走了，那媳妇回来后，气死了，那时是花钱回来的，回来了也气死了。那时候跟这时候不一样，是不是？那时候觉得丢人，就气死了。

也闹过蚂蚱，哪一年我不记得了，灾吃年以后就闹过蚂蚱，有句话"蚂蚱神，蚂蚱神，蚂蚱来了救穷人"。那年人都光吃蚂蚱，没粮食，你就挖这么一个壕，放这里这么一撮就一簸箕，回来炒炒吃。解放后人就有吃的了，上头给救济，没粮食了，给你贷粮食，或是你几年没收成，给你贷粮食，没款给你贷款。

俺村的水苦得不能喝，喝凉水闹肚子，喝热水也闹肚子，俺这水苦，反正都吃那水，这以后，哪一年，咱村里打了个井，这才不闹肚子了，到现在才有甜水。

凌石屯

采访时间： 2009 年 9 月 1 日

采访地点： 巨鹿县官亭镇凌石屯

采 访 人： 张维帅　李晨阳　矫志欢

被采访人： 张记章（男　92 岁　属马）

我叫张记章，92 岁，属马的，原来上过几年小学，我不是党员。

1943 年旱，从三月、四月就开始旱了，旱得都不长了，到八月几号才下的雨，雨下

张记章

得不大，没种什么粮食，就弄点老草，吃点什么草籽。那一年有蚂蚱，那蚂蚱呀，多了，还能过河，滚成一个蛋，没粮食吃啊，就吃点蚂蚱，吃点草籽，乱七八糟的。

有往外地逃的，不少，不记得有多少了。反正在家没得吃了就走了，逃到太原、山西那儿，我没逃，有到过节回来的，有没回来的。

那年闹霍乱，街里死得多了，那家刚死了，这家就死了，大贱年哪年没有霍乱？闹霍乱那只是听说，我没有见，村里人有得霍乱的，我没见过，那时都是饿的，吃不到肚里。那会儿哪有医生看啊，得了霍乱也找医生，看不好，那时得霍乱，死了就往地里埋了。我那时还小，不记得什么时候，也只是听老人家说，老人家说，埋到地里的都是得霍乱死的，我没亲眼见。

地里那时候也有井，都从井里喝水，烧热了喝。

民国32年从春天就没粮食吃了，后来国家给粮食吃，有数，一个人多少，那是1963年。1943年没给，一到四五月份就开始逃了，老天爷不下雨，日本人又要物件，乱七八糟的都要。

我咋没见到日本人？见过，日本人，上村里，该不来呀？那时像我这么大年纪，他们说："咋还不死啊？"见了那些人，都不敢说话。皇协军也来过，穿黄的衣服，来村里要东西。日本人咋不杀人啊？我没见过杀人的。

发大水是1963年，1943年是小水。

采访时间：2009年9月1日
采访地点：巨鹿县官亭镇凌石屯
采 访 人：孙维帅　矫志欢　李晨阳
被采访人：张荣贵（男　76岁　属狗）

我叫张荣贵，属狗，76岁了，上过两年小学，俺不是党员。

民国 32 年那年旱，地不能种，从春天开始，一直到农历五月下的雨，下得不是很透，记不清后来六七月下没下。家里有人的，还能收点。

张荣贵

逃吃的人很多，村里没剩很多人了，逃的多了，大部分都走了，家里都是老的小的，春天里就走了，有过年就走的，不断地往外走，大规模地走，就是过了麦之后，下了雨之后也有回来种地的。有上天津的，有上山西的，有认识熟人的。我去山西了，十月里秋收了，待到第二年四月份回来的。

那会儿有病的特别多，老的老，小的小，有的看不起病，就病死了。听说过霍乱，我父亲就得的霍乱，后来治好了，吃中药，那时候光知道得病了，谁知道什么症状啊，就是听医生说的叫霍乱，过了麦得的，到七月份就没这种病了。下雨之后，得这种病的不太多，死了的也有。那会儿喝井水，土井里有水，有喝凉的，有喝热的，喝了也没啥病。

有日本人，没在这，聚在炮楼里驻着，城里的不多，几天就来一回，来了就抢粮食，有点粮食就抢走了。该不打人啊？杀过人，把俺村里人扔坑里。日本人对小孩挺好，小孩也要干活去，搬砖，家里没大人了，日本人给糖，皇协（军）光打你。村里有两个被抓到日本去了，解放了回来一个，（叫）张铁木，俺叔张之奎没回来。

那会儿飞机不太多，没扔东西。没见穿白大褂的日本人。

民国 32 年蚂蚱可多了，都往西北飞，到处都是蚂蚱，团成一个蛋，聚成一个团就过河了。麦子快熟了的时候，就来了，把麦头吃了三分之一，咬掉了三分之一，过不几天就没了。小蚂蚱蛹子也走了，一直往西北走，黑夜白天地过，不知道多少了，都团成一个蛋就过。

前董营村

采访时间： 2009 年 9 月 1 日

采访地点： 巨鹿县官亭镇前董营村

采访人： 王 青 谢学说 姜玲玲

被采访人： 董遂唐（男 86 岁 属鼠）

董遂唐

我叫遂唐，姓董，86 岁了，到年就 87（岁）了，属鼠的，上过学，我不是党员。

民国 32 年，我才 14（岁）哩，饿得都逃难，不收物，旱的，旱的草也不长，上七月里才下了场雨，下得雨不小，下了透雨。到七月里种上了萝卜、蔓菁，头一年八月里耩了麦子，到第二年七月里才下的雨，下得不多大，没有发洪水。

饿死的人不少，光我家民国 32 年那年死了五口，饿死了。村里逃得都没什么人了，在家里就饿死了，（出去）要点饭吃。

俺出去了，上了山西，待了半年多，六月里出去了，七月里下的雨，下雨没在家，第二年四月里才回来的。有病，饿的，那会儿死的多，饿的，霍乱病有，过去了，不记得怎么着了。

上蚂蚱是民国 33 年，盖地来，一房顶一房顶的。蚂蚱把麦子都给咬了。

那会儿有日本（人），日本（人）在这待了八年，咱不跑就打你，找八路军，不说就打你。有人被他抓走了，去给他干活去，不种地，抓煤窑去了，在哪里那不清楚，没有听说抓日本去的。

商店村

采访时间： 2009 年 9 月 1 日
采访地点： 巨鹿县官亭镇商店村
采 访 人： 张吉星　葛丽娜　普　敏
被采访人： 王进英（男　73 岁　属牛）

王进英

民国 32 年，灾吃年，天旱不下雨，只盼望下雨，也不能浇地，一整年没下雨，什么时候下的雨记不清了。

蝗虫好像在民国 32 年前后，我 8 岁，在收麦子的时候，虫把麦子都吃了，村里没得吃，逃的逃，走的走，具体时间不记得，好像在热的时候逃走的，回来有早的，有晚的。村里饿死的不少，我的二哥就是饿死的，村里没啥杂病，那时天热人又饿，瘟病倒没听说过。

灾吃年日本人在这，在这干啥记不清了。听说有抓去干活的，有没有抓到日本去的闹不清。

解放后下大雨，持续了十天半个月，1956 年闹过大雨，是西边山上来的水，几月份闹不清了，像在秋季吧，下几天几夜的。

采访时间： 2009 年 9 月 1 日
采访地点： 巨鹿县官亭镇商店村
采 访 人： 张吉星　葛丽娜　普　敏
被采访人： 王月旺（男　76 岁　属狗）

灾吃年因为天旱，没收入，民国 32 年没收入，一年都没下雨，民国

33年下雨了。闹蝗虫就晚了，把庄稼都吃光了，生蝗虫好像在民国33年，蝗虫把谷子、高粱都吃完了，光剩点豆。

民国32年没听说有传染病，这里没闹过瘟病。那年饿死了很多人，村里死了一部分人，很多人都逃出去了。

下过雨，下了一晚上就淹了，好像在1956年，连着下40多天雨，好像在民国32年以前，具体时间不记得了。

当时日本兵在村里，村里抓人去给日本兵修车道、岗楼，听说别村有抓到日本去的，我自己被日军抓去两次当劳工，去修岗楼。

王月旺

魏家庄

采访时间：2009年9月1日

采访地点：巨鹿县官亭镇魏家庄

采 访 人：杨 萍 董艺宁 张云鹏

被采访人：安辰保（男 78岁 属猴）

王遂巧（女 78岁 属猴）

安辰保（左）、王遂巧

民国32年一直旱，连旱了二三年，民国33年、34年下雨了，大约在七月份，记不清几月份下的雨，也能种地除草了，那时候不下雨就不收。

我逃吃去了，到了山西，出去两三年才回来。后来，人们出去两三年的也大都回来了。那年生蝗虫，飞的大的蚂蚱，咬麦，小的在地上滚成团，闹了好几个月，收成不好。

能吃的只有叶子，炖汤喝。饿死的不少，老人小孩都有，年轻人逃出去了，剩下小孩老人没吃的就饿死了，都吃衣服了。

没有传染病，就是饿死了。有得病的，也没人医，就这样死掉了，不记得什么病，抓草药，扎针，草药多点，有说是霍乱，上吐下泻，得这个病的人不多，得了也没人看，不传染。

那时候日本人也多，这村没有，五六里地（外的）台头有日本人，天天来村子里，抢东西，抓人去干活，要年轻人去当皇协军。

采访时间： 2009 年 9 月 1 日
采访地点： 巨鹿县官亭镇魏家庄
采访人： 杨　萍　董艺宁　张云鹏
被采访人： 安志英（男　86 岁　属鼠）

安志英

民国 32 年是大贱年，连续三年没下雨，春天就没种上地，一直旱，七月初下了一场透雨，能耕地了，只能种晚庄稼。雨下得不大，没有一天，只有一会儿，十公分深度，湿地了，雨下过之后，也没积水，庄稼收了点。

村里多半逃吃了，多数到了山西。饿死的不是很多，年轻人能干点买卖的干点活能赚点钱，老人就待在家里，有吃的就饿不死。

病不严重，旱了好几年，又没得吃，上吐下泻的病也有，叫霍乱，这儿有一两户，收麦之前没下雨就有这病，那时候家里基本没人了，所以生病的也就不多。七月初种上苗之后，我就出去逃吃了。

麦黄了以后，蚂蚱来了，一咬麦穗掉下来了，这是民国 32 年以后，具体时间记不清了。

那会儿民国 32 年还有日本人，台头有，这村没有，日本兵也常过来，抢东西，抓人去干活，当时我已经不在村了，村里的事也记不清了。

鱼营村

采访时间： 2009 年 9 月 1 日

采访地点： 巨鹿县官亭镇鱼营村

采访人： 杨 萍 董艺宁 张云鹏

被采访人： 杨凤学（男 86 岁 属鼠）

杨凤学

民国 32 年旱，一直到七月份才下雨，玉米还没收就下霜了。没有积水，河里也没水，下雨后也没水。生蚂蚱是民国 33 年，房子上都有，麦穗都咬了。

没有得病的，有病也是饿的，饿得不行，就逃吃了。我逃到了栾城，这里 70% 都走了，下山西、关外的都有。饿死的人很多，一家死五六个。有的人上吐下泻，但很少。我也得了，后来又好了，也是上吐下泻，发烧。有一个医生给治，严重的不行了，用了一斤白糖，半斤蜜，冒汗之后就好了，病了 20 多天。当时是逃出去了。我民国 33 年得的病，没有传染给家人。

村里也有日本人，屯在马营，见日本人来回走，皇协军见人就要钱，不给就打。日本（人）抓劳工，赵家庄有一个被抓到日本，叫二蛤蟆，解放后回来的。日本（人）给小孩糖，给大米饭，小孩也吃。

张长路村

采访时间： 2009 年 9 月 1 日
采访地点： 巨鹿县官亭镇张长路村
采访人： 张吉星　葛丽娜　普　敏
被采访人： 刘庆辰（男　82 岁　属龙）

刘庆辰

　　民国 32 年没怎么下透雨，旱得不行，一开始时蝗虫咬，后来又不下雨，连到一块。那年虫子特别多，蝗虫特别多，麦子都给咬光了，蝗虫从四月份开始到过了秋，持续三四个月就没事了，大了就往北飞了，走时跟云似的呼呼一片，有点庄稼都给啃光了。没吃的，就吃蝗虫，有饿死的。逃吃逃得不少，逃吃逃到山西，逃吃有的早有的晚，具体时间不记得。

　　离这不到三里地的村，得病死了很多人，传染人，一天死一个，没法儿治，那是过了民国 32 年，是日本人走了以后，还没解放，大概是在夏天，可能是阴历六月。这个村没有得病的，就那个村有，过了秋，病就过去了，没有霍乱。

　　大水淹是在 1963 年，在城西，水库溃了，村子都给淹了，村子里就剩四座屋没倒，那是见天下雨。在 1956 年，淹过一次，也是从西边来的水。

　　民国 32 年，日本兵没在这，日本人在这时打死过一个人，没听说抓劳工，在村里要人，给日本（人）做活，见天去，早上去晚上回来，不管饭，干得慢就打，打了一年多，我被抓去给日军干过活。

采访时间：2009 年 9 月 1 日

采访地点：巨鹿县官亭镇张长路村

采访人：张吉星　葛丽娜　普　敏

被采访人：杨镇江（男　86 岁　属鼠）

杨镇江

　　我叫杨镇江，上过两三年学，小时候就能上学。

　　民国 32 年灾吃年，我不在家，在正定县，做点小买卖，18 岁出去，24 岁回来，我一个姐夫介绍我过去的。那时日本人在这，没法儿在村里待，在那卖洋布，做买卖。灾吃年年轻，那里比巨鹿县好。我走了以后，日本（人）在巨鹿有一个队长，路过了张长路。

　　民国 32 年灾吃年，旱得人没吃的，逃吃逃到张家口那儿，逃哪儿的都有，旱是从民国 32 年过完春就开始旱的，旱得草都不长，这一年都没下雨，还闹过蝗虫，饿死了好多人。

　　日本人抓过劳工，这个村没听说，我姨夫的亲戚在别的村子，给日本人抓走了，抓到了日本国，给日本人劳动。抓走的人多了，具体的人不知道。

　　这里 1963 年闹洪水，1966 年闹地震，瘟症还早了，我听说的。民国 32 年以前有霍乱，这也闹过霍乱，没听别村有。

采访时间：2009 年 9 月 1 日

采访地点：巨鹿县官亭镇张长路村

采访人：张吉星　葛丽娜　普　敏

被采访人：张吉坤（男　84 岁　属虎）

　　灾吃年是在解放前，我十几岁，是民国 32 年，旱得特别厉害，都逃难了，逃到山西去了。从春季就不下雨，人都吃麻糁，吃菜，饿得走不动，我自己卖点小东西，维持生活。那时候村里一共 120 户，逃走了一半多，没饭吃，饿死的不少，逃难的最多。

张吉坤

听说邻村，离这三里地，因为传染病死的人很多，具体是什么病不知道，这个村里病的不多，记不清了。各村都有得病的，得什么病的都有，这个村病的倒不多。

蝗虫是民国 32 年以后闹的，具体时间记不得了，大的蝗虫飞了，当时地里种的高粱。

那时候日本兵在不在这里记不得了，听说日本（人）有抓劳工到东三省的，咱村里没有被抓到日本的。

这里 1963 年闹过水，六月十几的时候，下雨下了几天就下大水了。1956 年也下过大雨，下的时间不少，下了一个多月。

张起营村

采访时间：2009 年 9 月 1 日
采访地点：巨鹿县官亭镇董家庄
采访人：孙维帅　李晨阳　矫志欢
被采访人：杨　氏（女　79 岁　属羊）

杨　氏

我姓杨，79 岁，属羊，俺不认识字，也不是党员，俺娘家是张起营。

那年开始旱，三年没开场，人家都记得哪一年，我不记得了。我们那年去北京了，在这里地里不收粮食，在北京待了20天就回来了。

后来下了点雨，人都上外边了，都逃吃在外，都卖儿卖女的，饿死的不大多，我不记得什么时候饥吃结束了。逃吃的人可不多吗？没大部分，有一半吧，不知道逃哪去了，可不有回来的？回来的很多哩，好年景谁不回来？

我那年15岁，连着两年灾吃，蚂蚱又多，抱成团，滚成蛋，过河，一弄一布袋，回来吃了。连年旱，连年有。那段时间俺在山西，光听说蚂蚱滚成蛋，没听说有什么病。

这个村里没日本人，从外面来的特别多，来扫荡，见天扫荡，见东西抢东西，还杀人。我13岁时，日本（人）进的中国，没有穿白衣服的。小孩都吓跑了，各人领各自孩子跑了。杀人该不有啊？多得很，日本人抓人去干活，都活埋了，抓干部就都活埋了。

我不知道什么时候发了大水，不记得了，不记得哪一年，光记得大水淹、小水淹、地震、村里淹，倒房子。

巨 鹿 镇

大屯头

采访时间：2009 年 8 月 31 日

采访地点：巨鹿县巨鹿镇大屯头村

采 访 人：矫志欢　孙维帅　李晨阳

被采访人：李凤臣（男　78 岁　属猴）

李凤臣

我叫李凤臣，78 岁，属猴。

这里大旱三年从民国 31 年开始旱，到民国 33 年、34 年才不旱了。民国 32 年头年就是旱，第二年有黏虫，第三年有蝗虫，连着三年。庄稼种上苗就旱死了，就下了二指雨，再种上，再旱死，地里哪有粮食啊？都吃树叶、树皮、草籽。

人都逃吃去了，剩不了几户，90% 都出去了，很少没出去的，去山西、郑州、阳方口，有回来的，有死那的，在家的有死的，死一个两个都没人埋，家家没全和的。

有的人跟着军队走了，军队也乱得不行，有给踹回来的，上不了火车，一脚就给踹下来了。有走得早的，有晚的。春天、夏天走得多，一连三年都走。火车上不去，一家三口，上两口，一口没上，也不让上，中国的火车上面都是皇协军、日伪军、宪兵队、便衣队这些卖国贼，都是叛徒。我这伤就是被日本人给打的，从胳膊打进去，从身子里穿过去的。日本（人）抓人，抓到城里，抓去当兵，日本人基本上不打小孩，不打中国老百姓，就是后边的小混混，一些皇协军搞破坏。日本人不敢吃东西，我那时候有十一二岁，他们当时也没得吃，烧馒头，外边烧焦了，他不敢吃，先让小孩吃，看看，他们再吃。日本人没有穿白大褂的，有日本飞机，那会儿日本飞机型号是四六，国民党的是三五七，往下扔东西，扔什么东西啊？扔炸弹！

这里接近七月下的雨，河里没发水。净饿死的，你得了病活该死，谁给你看病啊？那时候就没西医，就有一个中医在巨鹿，西医被日本人抓去了，给他们日本（人）看病，不给咱看，花六块现大洋也不给你瞧。那会儿都不能整，钱有的能花，有的不能花了，消息也不灵通。

那时候有传染病，是湿病，有虎烈拉，上吐下泻，一会儿就死了，一个多钟头就死了，得瘟病，治不好，那会儿没医生。这里本来有一共 108口，民国 32 年死了四分之一还多，逃出去的也有，到现在也有很多没回来的。好些人都是上边吐下边泻，是下雨以前得的，旱的时候。那会儿俺父亲是村干部，是村里大队长。

那时候吃井里的水，打的井，井里有时有水，有时没水，很多人都从井里弄水。

东郭庄

采访时间：2009 年 8 月 31 日
采访地点：巨鹿县巨鹿镇东郭庄
采 访 人：王 青 姜玲玲 谢学说
被采访人：柴国超（男 80 岁 属马）

我叫柴国超，柴是柴火的柴，国是国家的国，超市、超过一切的超，今年整 80（岁）了。

民国 32 年我就 14（岁）了，属马的，上了一期两期的学，日本（人）一来就不能上了，日本（人）闹得就不能上了，我 9 岁日本（人）就来了，日本（人）来了，在村里上小学，教一期两期的，后来就不能教了。

柴国超

后边过贱年没吃没喝的，日本（人）在这闹得厉害，什么都要，一天能要多少东西？地里不收，他要得愣厉害，来到村里一个劲地抢，一个劲地夺，随便抢，随便拿，有吃的都给抢走了，饿死人也不管。后边又过了个贱年，民国 32 年灾吃年，日本（人）正疯狂哩，日本（人）正厉害呢。

王国珍是日本的一个大官，是皇协军总司令，他招兵买马，把粮食都收了，捞东西都收了，老百姓得不到粮食，把老百姓都饿死了。八路军那时候穿便衣，就穿你这个衣裳，拿着盒子在地里把他崩了，照他头崩崩两枪，打死了，打死了还不跑？都跑乱了，跑到了城外地里，他也抓不到人了。

那时候死人可多了，都饿死了，谁能吃饱啊？冬天里下雪，守着一碗雪就死屋里了，没啥吃，吃雪能吃饱啊？旱，麦子长这么高，一亩地打一斗，一斗就是 15 斤，麦子没收，秋天里七月初五立秋，立秋三天下透了，日本人给弄过来荞麦，叫咱种荞麦，不种荞麦都饿死了，那就种荞麦吧。日本人运过来的荞麦，种荞麦，荞麦能收，种谷子，种了那些晚谷，就长那么高，那还能收？

七月初三下了雨，初五立的秋，下了三天三夜，下透了。那耩地吧，就那么耩地，收了，那一百六七天的谷子耩下来，收了多少吧，那谷穗就那么长，净那秕谷子，过贱年就吃那个。种蔓菁，那日本人还能吃蔓菁，荞麦也能吃上，荞麦能包饺子，能蒸包子，还能烙饼，蒸卷子，荞麦面不好吃，还拿来当麦子面吃。上级也不管，啥也不给，收点蔓菁，收点荞麦。种的谷子吧，又下霜了，给冻死在地里，吃秕谷子过贱年，吃那个蔓菁，长那么粗的蔓菁，叫日本（人）吃，他们还不吃。

民国 32 年不发洪水，发大水是八路军解放后才发的洪水，解放以后就是 1963 年，又改了国号了，是中华人民共和国，解放以后才立的国改叫中华人民共和国，1963 年上的大水。

民国 32 年灾吃年有那个霍乱病，霍乱病到明就死，看不好，好医生也看不好，扎针也不行，吃药也不行，只要一露面就得死。他那也是脑子里，霍乱抽筋，一抽，一个劲地颤颤，颤颤颤颤地就死了，霍乱抽筋。得这个病死老些人了，都是年轻人，20 多（岁）吧，光得这个病。

人饿得都躺街里不能动了，饿得一天天的吃不着什么，日本人说死了死了没关系，你看他狠吧，人饿得都在街里躺着，得病的更不行了，得病的在家里，说谁睡死了，弄个盖，抬地里，也不使材，就埋了，使材使不起，也买不起，抬地里挖个坑就埋了，大多数都不使材，使材使好材咱也抬不动。俺哥哥 21（岁）了，他比我大七岁，俺嫂比俺哥大三岁，死时 24（岁），得霍乱病，去她娘家抬来了，抬来了也不能吃不能喝的，医生看说不行了，这病没治头，就跟脑充血样，一得病血管都崩了，血管一崩，霍乱抽筋，筋混抽，抽得哆嗦，哆嗦哆嗦抽得那筋。我说嫂子怎么又活了，说抽筋没抽好，还抽着呢，光抽筋，血管就崩了。医生也不是个事，城里医生也不顶啥事，也不能开刀，就说霍乱病，没治头了。

就这霍乱病死的人可多了，净死些 20 多（岁）的，俺嫂子那时候才 24（岁），老的还是不得这个病，很小的也不得这个病，净些二十八九（岁）的，二十四五（岁）的，二十五六（岁）的，净这些年轻的（人得病）。霍乱病厉害着哩，就咱这闹霍乱病死的人多。灾吃年，民国 32 年，那时候我 14（岁）了，我记得清楚，就是九月吧，进了九月了，得了这病。都不能待几天就死了，连一星期也待不了，多的三四天、五六天就死了，就那么快。俺一个爷爷也是医生，这病死得多，在城里也看不了，就是死症，就跟脑充血一样，这病从九月里一直闹到第二年二月里才停止，就闹了这么长时间。

那时候家里俺弟兄五个，我一个姐姐、两个妹妹、俺爹俺娘，还有俺奶奶，11口人，40亩地，卖了20亩，剩下20亩地，没上外边逃。俺哥跟俺嫂上太原那去了，走了一遭子，给人打工，人家不用了，又回来了，回来在家里就得了霍乱病，就是民国32年，九月初九死了。得了病娘家把她抬来了，才三天，回来就死了，离这三里地，她是在娘家得的病，抬回来也不能吃也不能喝，就给她扎针，扎针也扎不好，扎的那种笨针，在头上扎、身上扎、腿上扎，就是死症，得的霍乱病，起名就叫霍乱病。那病还是没听说传人，俺家就俺嫂得这病，别人也有得这病的，也没听说传染，那个病还不一家一家的传，你看俺哥整天和她在一堆，我给她送饭，也没传我，也没叫她个人使个人碗，这个病没听说传人。这村里死的不少，净死年轻的。

逃吃，上山西，上山里头，女的就找个亲家，再小的就给人家了，十岁八岁的不能做亲家就给人家了，饿着，给人家吧。"您没小孩，给了您吧，俺不要了，俺要得把他饿死。"把孩子都给了人家了。你给人家做活去吧，人家说："给俺做饭吧，行不行啊?"爹娘赶紧和孩子说："给人家做饭，给人家拆洗，人家让做啥就做啥，到时候管饭，给你个钱，也别管给多少，反正你饿不着就算了。"

这村里逃吃出去的也不少，上山西、上太原的不少，山西洪洞县，逃那去了。我在家里原来有40亩地，卖了20亩，一亩地给二斗谷子，一共给了30斤谷子，这地就永远给人家了，俺没出去。10亩地种了300斤谷子，这300斤谷子就算闯了过贱年了。种点蔓菁，种点荞麦，日本人要得多，要不是要得多，受不了这么多罪，要得愣多。有点荞麦，他给你抢走了。

第二年麦子收得不赖，我这种着20亩地，一亩地打一布袋麦子，种十来亩麦子打了个七布袋，可不孬。日本人要得多的不行，要的愣多。咱平时就掺点麦子，掺点别的，舍不得光吃麦子，买点糠，买点这那的，兑着吃。春天里吃那个苜蓿、菜籽、野菜，弄点菜吃，那会儿可困难了。日本（人）在这要麦子，要的多得不行，今儿要，赶明儿要，要的没遍没数的。日本人要是来了，随便地抢，把人都轰出去，随便地翻腾，愿意要啥要啥，粮食随便装。那会儿谁当村长？（日本人）来了，你给谁的是啊，随便地抢，咱有啥法，咱没法，都给抢了。后来，俺们都在地上挖个坑，把那麦子装在瓮里盖住，埋住它，一家里埋几瓮麦子，他走了，咱挖出来。用石头磨，套上头牲口磨点咱好吃，正磨着，他过来把牛给牵走了，把白面也给端走了，把牛杀杀吃了，一个大牛给杀了吃了。俺们那时候好几家买一头牛，叫他给抢了吃了，把牛给杀了，麦子面给端走了。民国 32 年大旱，民国 31 年我给你说还收点，日本人不在这是好事，日本人在这要得没遍没数，要得不够吃了，在地里埋点，你就能吃点，不在地底下埋，你就吃不到嘴里，要饭你也要不到，俺还没有呢，俺还给人家？

蚂蚱闹过，我经过淹，经过旱，也经过蚂蚱团成蛋。蚂蚱在地里，黑腾腾的，挖这么一道沟，一轰轰到沟里，囤住它，踩踩它，就死了。那蚂蚱就跟蝇子样，那么一点，乱蹦，在地里，一团一个蛋子，一团一个蛋子，蹦得愣厉害。那蚂蚱打不死，没农药，咱就整个鞋底，带个木棍，用鞋底拍，拍能拍死几个啊。到后面那个蚂蚱都长翅了，说到哪里就都到哪里，说吃哪个地就都吃哪个地，一会儿就吃光了，把谷穗都给咬下来了，一飞飞起来，看不着天了，净成蚂蚱了，一落落下来了，那房上一个挨一个的，地上也是一个挨一个的，就在那房檐上，这个蚂蚱趴那个蚂蚱身上，那个趴这个身上，一下子掉院子里，我使个簸箕呼啦半簸箕，一顿一个人能吃一碗，喝两碗水，炒炒，放一点盐，就能充饥。这会儿我就十五六（岁）了，不是 15（岁）就是 16（岁）了，我不记得生蚂蚱是哪一年了。

日本（人）来这我九岁了，日本人走时，我十七八（岁）了。日本人在城里驻着，咱巨鹿就有 500 个日本人，500 人在这待个三天五天的，他们坐着汽车上那台了，待个三天五天的又上邯郸了，再待个三天五天的又上张葛了。巨鹿的日本兵倒不多，皇协军多，有 4000 人，有治安军、警备队，还有工作队，还有公安局，还有突兵队，这些兵都是咱中国人，都卖国了，都随了人家日本了。那治安军说："俺叫治安军啊，俺不跟别人说，俺跟共产党说。"就说八路军故意投给日本，投了几万给日本了，明里投日本了，暗地里把日本都杀了，后来又回来了。

我那时候十三四（岁），整天给日本（人）当夫，我在日本司令部里给人家当夫去，那日本人说我："小孩，摸摸你身上有枪没有？"摸摸身上没枪，俺这是老百姓，没枪，他怕俺带着枪跟他打仗去，他不是日本人，他是朝鲜人，日本人那时候从南朝鲜要了十万，北朝鲜要了十万，男的不够了，就要女的。

东韩庄

采访时间： 2009 年 8 月 31 日

采访地点： 巨鹿县巨鹿镇东韩庄

采访人： 杨　萍　董艺宁　张云鹏

被采访人： 韩恒夫（男　86 岁　属鼠）

韩恒夫

我叫韩恒夫，86 岁，属鼠，入过党，民国三十几年入的。

民国 32 年有旱灾，从春天开始的，不记得是啥时候，没有收成，人都吃糠，吃花籽。秋天麦子黄了，蚂蚱都把麦头咬了。

有逃吃的，不多，都去山西了，有待一年的，有待两年的。饿死的不多，小孩饿死的多。饥吃，逃吃都在民国 32 年。

有霍乱病，死了几个，割麦时死在地里，回来就埋了。不多，有一两个，不记得是民国 32 年还是往后点。霍乱病时下的雨，一个女的二十一二岁得了霍乱病，怀着小孩就死了。

这个村子里没有日本兵，城里来抓夫，抓了我一回，就是抓去当兵，我没有当，找熟人说了说，就放回来了，皇协军来要过马料。

采访时间：2009 年 8 月 31 日

采访地点：巨鹿县巨鹿镇东韩庄

采访人：杨 萍 董艺宁 张云鹏

被采访人：韩默勋（男 74 岁 属鼠）

韩默勋

俺叫韩默勋，今年 74 岁，属鼠的，上过小学没毕业，我家里穷，很小就没了父亲。没入党。

民国 31 年冬天下了一点雪，民国 32 年春天下了一点，地皮湿了。那时地多人少。春天又下了点雨，地没湿透，种了点晚谷子，榆树叶子基本上吃光了。那会儿有逃吃的，不多，有两户，民国 32 年就回来了。有饿死的，不知道逃哪儿了，我邻居逃到山西大同了。

有得病的，记不清啥时候了，就叫霍乱病，一得病就死，上吐下泻的，就没气了，死的不少，一会儿就死了，有传染性。死了就挖坑埋了，死了多少记不清，那时候俺还小呢，不知道具体是民国 31 年还是民国 32 年。俺村的程安在地里割麦子，吐了一地，没抬到家就死了，一会儿就死了，快得很。不光俺这村子，这几个村子都有。

民国 33 年生的蚂蚱，蚂蚱不吃豇豆和花生，地里全都是蚂蚱，麦子不熟，黄了，就是这时候，把麦头都咬了，剩下就是小麦头了。蚂蚱走能听见响，蝗灾过后又种上了，收得不错。

东刘庄村

采访时间： 2009 年 8 月 31 日

采访地点： 巨鹿县巨鹿镇东刘庄村

采 访 人： 王 青 谢学说 姜玲玲

被采访人： 刘永修（男 82 岁 属龙）

刘永修

　　我叫刘永修，82 岁了，属大龙的，上过学，上过小学，上了一年多，那会儿日本人进城了。我是党员，哪年入的党记不住了，入社那年当了村长。

　　民国 32 年记不很清了，反正记得天不下雨，日本人在这闹腾，种地没法种，地里旱。一没怎么下雨，后来下的雨小也不顶事，什么时候下的雨记不清了。这里 1963 年闹了洪水，民国 32 年没发洪水，发洪水还能旱了？没下过大雨，那会儿主要是日本（人）闹的，那年啥也没收，下了半吊子雨，不长庄稼。

　　那时日本人在这，人都逃了，都跑了，种地也不好种。这村饿死的不算多，有的村饿死得多。在这村里的都逃吃走了。日本人来过，我见过，那会儿日本人对小孩不怎么样，对年轻人不行，主要是年轻人，说你是八路军。当劳工的咱这也有，有上别处去的，哪有招就往哪去，上日本去的有，少。老百姓不敢去，要托人花钱给弄出来。

　　霍乱那会儿没有，民国 32 年以前闹过霍乱，我就是十四五岁，那时都不敢出去。见过，这村就有，有看好的。不敢走道，一热就受不了，得霍乱，就跟发疟子似的，一会儿冷一会儿热，他主要是一冷一热受不了，不能吃物，该不上吐下泻？得霍乱是民国 32 年以前，挨着民国 32 年，下边就是贱年。热的时候得的霍乱，几月不记得了，反正是热的时候，那会儿我还不大。看医生，就是村里医生。怎么看咱闹不清，就是扎针吃药，那会儿没医院。那时喝开水也喝冷水。

蚂蚱也闹过，就是灾吃年以前以后的，现在不记得是哪一年了。那蚂蚱可厉害了，在地里都是蚂蚱，我打过蚂蚱，越打越多，后来不打了，庄稼都给吃了。蚂蚱能飞，盖地来，一墙墙都是蚂蚱，往西走了一宿，天上都盖了天了。蚂蚱过河，带翅的能飞过去，没带翅的蹦，蹦不过去，一团，这么大个蛋子。

东王庄

采访时间：2009 年 8 月 31 日
采访地点：巨鹿县巨鹿镇东王庄
采 访 人：王　青　谢学说　姜玲玲
被采访人：王存朝（男　85 岁　属牛）

王存朝

我叫王存朝，85 岁，属牛的，上过几年小学，不是党员。

民国 32 年那年我该不记得？那年我 19（岁）了，是灾吃年，从正月里开春干旱，春天里没种，一直顶到七月十三才下的雨，

咱旧历七月十三下的雨，庄稼都没收了，那就也不能种别的了，收的蔓菁，过冬那时人吃的都是蔓菁，第二年就收好了。生蚂蚱也是那一年，厉害，那蚂蚱飞得这上面天都遮住了，那蚂蚱厉害啊，都去打蚂蚱。

有饿死的，逃吃的，现在说起来还有四五家没回来，都死在山西了，都去山西逃吃去了。那年死的人多，死了十来个人呢，俺这村小，那时候不超过 200 人。我没在外边逃吃了，那一年我都 19（岁）了，年轻人都能蹿蹦是吧？

也有病死的，反正也就是那一路子，霍乱病，大部分都得那烧病，都

是吃不饱，就是那一年，接二连三的定不准谁就得一个，得的按说不算少，村里人少呀，总共二百来人，不算少了。霍乱病，出血，我还病了两三个月，鼻子里面出血，晕倒，就是这一路子得病多。别的也有，有的人发疟子，冷一阵子，热一阵子的，你要找医生，那时候也没医生，吃药能吃好。村里得这个病的多，它不能都一样啊，反正得这个病的有好几样的，算是传染，到冬季了，也就好点了。我家里没有得霍乱病的，光破鼻子，流血，头晕，躺着也不能动，鼻子里光不断地滴答滴答血。那时候医生少，三个村五个村的也没个医生。

日本人该没见过？我还给日本人干过活呢，日本人也跟村里要民夫，都是按地亩排，谁也不愿意去呀，看你家里种着几亩地，村里也得有办公的啊。抓劳工也抓，他不是经常地、长时间地抓，定不准哪一会儿。住在当街的，比我小一岁的，那是抓劳工走的，他叫存起，王存起，抓走没回来。

采访时间：2009 年 8 月 31 日
采访地点：巨鹿县巨鹿镇东王庄
采 访 人：王　青　谢学说　姜玲玲
被采访人：王贵同（男　81 岁　属蛇）

王贵同

我叫王贵同，今年 80 多（岁）了，81（岁）了，属龙的，没有上过学。

民国 32 年饿死的人不少，很多，不下雨，只能收一点，日本人来了给抢走了。日本人在这，烧杀抢奸淫，光干坏事，这个我记得清楚。

后来我逃吃走了，民国 32 年几月里出去的我忘了，是冷的时候出去的，上半年，等这里有个收成了，家里寄信，全家都回去了。

那时候有人得霍乱，霍乱厉害，一个村里能死二十多个，我见过得霍乱的人，脸黄，焦黄，身上都是黄的，手颤，脚哆嗦，头疼，吐，很快就死，当天就死了，传染。谁知道啥季节，这个不记得，在热的时候，烧冷，牙咔咔地打颤。

王志群

采访时间： 2009 年 8 月 31 日

采访地点： 巨鹿县巨鹿镇东王庄

采访人： 王 青 谢学说 姜玲玲

被采访人： 王志群（男 75 岁 属猪）

我叫王志群，75 岁，属猪的，上过学，上的小学，那年头赖，能干活的就不上学了。不是党员，那会儿是团员，我在部队上入了团，当了团员，我是 1955 年当的兵，实行第一批义务兵，我参加了。

民国 32 年，没吃的，没喝的，吃野菜，算计着能吃点，饿不死就中。那时候我还小，我现在 75（岁），那时才八九岁。那年没有吃的，要是能收庄稼还能挨饿吗？是不是？都是因为旱，一直没下雨，要是下了庄稼能不长吗？是不是？一直没下雨，下了雨那我也记不清，下雨下得愣晚，咱小，是不是？啥庄稼也种不成了，后边下了雨了，就撒了蔓菁，种蔓菁，别的庄稼不能种了，都晚了。下雨后没有洪水。

有逃吃的，我还去逃吃了呢，俺父亲领着我上了山西，有俺父亲、母亲带着我，在那待了没几个月就回来了。记得是地里没活，家里没吃的没喝的时候出去的，出去想找个活干。热的时候（出去的），那时候不是很冷，我记得待的日子不是很长，有个三四个月，回来的时候也不冷的，才过年。

那会儿饿死人的事多了，哪村里都得死几口子呀，饿得不能起了，就要得病啊，是不是？叫我怎么说呀？都吃糠吃菜，他不愿吃就摊上病了，死的都是岁数大点儿的，小孩儿、年轻的死得少，年轻人不在家里在外头，在外边能吃点儿东西。

我是没听说过霍乱病，有得的，是过麦的时候，热的时候得霍乱，那时不是很多，拾着麦子就能得霍乱。我不大记得了，我没在跟前，这都是听说的。具体什么样，这怎么说呢？你反正人死了，他以前有事的话还能去拾麦子？也没事，不是在家里坐着坐着得霍乱了，得霍乱的在地里，在家里，岁数大了，能得霍乱啊？是吧？小孩也不可能得霍乱呀。那时候也不讲究传染，只要得了霍乱，死得快，这个病死得快，有人，快的话还没事，还能缓过来，没人你就毁了，你比方说在地里吧，人多，给他弄点水，让他喝点水，这就没事了。一拾麦子就好得霍乱的，就是过贱年那一年，我记得就是那个时候，在下雨以前。

日本人我见过，我该没见过日本人呀？日本人来了到哪个村里要东西啦，抓鸡啦，上家里去呀。那时候干活都跟村里要夫，抓劳工很少，也有，有是有，光知道苏屯，离这十里路，俺姥爷抓日本去了，一去就没回来，俺姥爷叫啥我记不起来了。是不是那一年，记不清了，他们有两三个，都没回来，我现在75（岁）了，那会儿得有十一二（岁）。

有蚂蚱，是贱年那一年？我记得不是一年，蚂蚱可能还往后呀，贱年以后，我记不很清，蚂蚱也真怪，多得不行，过贱年以后，我都能打蚂蚱了，使个鞋底子，钉个木棍，在地里打，蚂蚱可多了，一堆蚂蚱把树骨子能给拽歪了。

东杨庄

采访时间：2008 年 7 月 10 日
采访地点：巨鹿县巨鹿镇老防疫站家属院
采 访 人：李莎莎　张　艳　贾元龙　王　瑞
被采访人：张振南（男　79 岁　属马）

　　我上过学，我参加革命前，当兵以前上过高小，1947年入的党，退休之前在县委当副书记，当年有些事记得。

　　我记得1937年以后日本鬼子就到家乡来了，那时候我们为抗日工作就发动群众挖沟，为什么挖沟呢？有些日本鬼子是机械化部队，挖沟他不能走，再一个意思就是挖那个沟，日本人来以后，好躲藏，顺着沟就跑了。有了沟后，日本人行军就不方便。从咱这个邢台到德州，这趟公路，日本人修了公

张振南

路，修公路那时候在两边挖上沟，挖一丈多深，一丈就是按尺来说十尺算一丈，挖沟一丈深，人就爬不过去。挖这个沟，他就是防八路军来，（八路军来）行动不方便，又在这个公路旁每三里地修一个炮楼，顺着公路。咱这有个公路，有个炮楼，人要通行，都得从炮楼走，从炮楼这走他就要盘查，所以八路军行动不方便，那时候这就是这个八路军打炮楼的原因，那时候这个炮楼基本上是个点，一个一个的打。

　　日本鬼子在这个地方实行"三光"政策，杀光、抢光、烧光，你的房屋他都给你烧了，有东西给你抢走，人的话，他给你杀掉，"三光"政策在啥时候实行？他一打仗，就把老百姓的房子给烧了。我当时在巨鹿县东杨家庄，东杨家庄有炮楼，我父亲我大哥那时候都参加革命了，都是老共产党员，我那时小，我十几岁，咱不懂事。大人就是让我去看看炮楼里有什么人有什么武器，就让小孩去试探试探，我那时去了以后，他不注意，我就上了炮楼，上面有两支枪，我看了以后，下来时被人发现了，拷打我，他问我干什么去了，我说玩去了，大人不告诉他你做啥去了，后来村里人来保，说我是良民，就把我放了出来。回去以后，我把看到的告诉了大人，没过三天，八路军就从这里过了，从这过以后，把这炮楼一包围，就包围住了。包围住以后，说这个炮楼不叫他打枪，不叫他喊话，就给他们皇协军上政治课，上完政治课以后，就放八路军通行，皇协军说你从这

走得打枪，不打枪没法向上级交代，八路军说可以，部队就过去了。

炮楼里面住的是皇协军，日本人少，有时候只有一两个人，有时候没有人，那天没有日本人，日本人住在巨鹿城里，县城东门，在城东门有炮楼。我该没见过日本人？那时候几乎天天见，日本人也搞扫荡，扫荡就是找八路军，打八路军，打共产党的意思。老百姓，他怀疑你是就打你，打你问你，叫你说八路军有没有，八路军待在这干什么来，在这待着有多少人，他打听这个来。老百姓一般不给他说，就说我们不知道，没见。还在村里抓壮丁当皇协军，抓年轻人，抓了以后叫你当皇协军。他那时该不抢东西？啥东西都抢。一开始生活紧张时，抢你家里那粮食，干粮他就给你拿走了。当时，日本人穿军装，黄军装，皇协军也穿黄的、绿的，还有黑的。治安军、警备队、警察的服装不一样。日本人在这走得早，1945 年春天就走了，春天那时候，在这和八路军打了几仗以后，日本鬼子快投降了，他就往回走了，往回抽。

民国 32 年天旱，没下雨，旱了差不多一年多，庄稼寸草不生，净长草，没庄稼了。人好多都饿跑了，逃吃了，逃到山西了，大部分都上山西，也有去东北的。我没跑，俺家里是我叔叔一家子都走了，去的东北的锦州、热河，日本人投降走了以后，他们才回来。抗日战争那时没发过大水，到解放以后发的大水。

有蚂蚱时日本鬼子还在，第二年民国 33 年有的蚂蚱。过蚂蚱，就是蝗虫，人都没办法，打，蚂蚱不能飞的时候就挖上了沟，挖沟以后，蚂蚱一爬，沟填满了，爬满了，土赶紧埋上。后来这个蚂蚱长大了，能飞了，蚂蚱一过，头里的把叶子吃了，后面的蚂蚱过来以后，把秆也吃了。

饿死的人该不多？俺村里当时没吃的，也没地方走，啥东西都吃光了，树叶都吃了，人饿得没法以后，一生病就毁了，看也不能看。啥病？你说啥病？都饿的。得病有的是上吐下泻，我见过得病的，村里的群众得病，就是上吐下泻。得病的人没地方看，待不了几天就死了。一个没有钱，另一个是你上哪看去，没地方看，也没有药。病人一般得了病就死了，死的人都没人埋，死的人记不清了。霍乱病是传染，这个病有时候不传染，有的家里别人没传染，但这并不是霍乱。那时候人主要是饿，营养达不到之后他说稍微有点不舒服，他就死了。有的不上吐下泻，他也就那么死了，饿死了。

东张庄村

采访时间： 2009 年 8 月 31 日
采访地点： 巨鹿县巨鹿镇东张庄村
采 访 人： 王　青　谢学说　姜玲玲
被采访人： 吴改省（女　86 岁　属鼠）

　　我叫吴改省，86（岁）了，属鼠的，没有上过学，那时候封建，女的不让上学。不是党员。俺闺女 67（岁）了，我 86（岁）了，俺闺女小的时候是过贱年。俺娘家在辛庄，在北边。过去的事，岁数大了不沾嫌（不行，方言）了，都忘了。

　　贱年就别提了，苦，了不得，能种上点谷子就烧香了，都吃谷子皮，没上粒，推磨推不动，推不成面。

　　从春天就一直干旱，到秋天才下了雨，立秋天下了点雨，七月初五才下的雨，下的雨大得了不得。庄稼晚了，就种了点山药，光种点晚庄稼，还有绿豆，种了点玉蜀黍，那时候连那个玉米穗都磨磨吃了。

　　饿死了人，都逃吃了，什么都没得吃，孩子就想买点物不敢吃，大人就给掸走了，赶个集，买点物，一下就给掸走了。俺没逃吃，她奶奶上北京卖点衣裳，卖了买点物吃。我跟她俩姑姑在家里，她姑姑那时候还不大。过贱年可苦了，下雨可大了，没下过这么大的雨，坑里都是水，下多长时间不记得了。上洪水是哪一年？不记得哪一年。不是民国 32 年。

　　那一年，有霍乱，人哕、泻。热的时候，一天能死俩仁。贱年那年死得还不多，吃糠咽菜的多，吃不着粮食，吃树头叶子，挖草根，挖苜蓿根，吃得不多，都饿的瘦的，捋点榆叶磨成面就吃这。

头一年是贱年，第二年净是，第二年招蚂蚱，吃草籽，立秋了，捋草籽吃。蚂蚱一过跟人头似的，说往哪走都往哪走，把麦穗都咬了。

那时候一说日本人来了，人就都跑了。抓人，都抓到城里，没听说抓日本去。抓人的都是皇协军，日本人还不坏，就皇协军坏。

胡家庄村

采访时间： 2009 年 8 月 31 日

采访地点： 巨鹿县巨鹿镇胡家庄村

采 访 人： 陈绪行　杜　凯　潘多丽

被采访人： 胡平宽（男　85 岁　属牛）

　　　　　　李存棉（女　妻子）

胡平宽（右）、李存棉

我叫胡平宽，今年 85 岁，属牛，没上过学，是党员。

民国 32 年是大灾吃年，阴历七月初五才下的雨，就那么一块儿云彩，下了一点雨，种了一点晚庄稼，种了黍子、荞麦、绿豆。第二年生了蚂蚱，麦子长得挺好的，都让蚂蚱咬了。

饿死人多得很，枕头里头的糠都吃了，一天能死一个，死得都抬不及，那一年死得可不少。逃吃逃到哪的都有，有去山西的，村里都锁着门，没人了，好年头才回来，到民国 33 年就都回来种地了。

有霍乱，热的时候，民国 32 年热的时候得的，大多数都是这个病，上哕下泻，都是饿的。那时候医生少，没钱看，都埋不及。

那时候日本人在这，有皇协军，我十四五（岁）就去给人干活，挖沟，盖炮楼都干过。

梁园村

采访时间： 2009 年 8 月 31 日

采访地点： 巨鹿县巨鹿镇梁园村

采 访 人： 杨 萍 董艺宁 张云鹏

被采访人： 梁建民（男 79 岁 属羊）

梁建民

俺叫梁建民，79（岁）了，属羊，没上学，没入党。

那几年连续三年没下雨，记不清了。民国 32 年连淹带旱，下了 40 天的雨水。蚂蚱可多了，可严重了，一过去就咬光了。

有逃吃的，村里人大部分逃吃，出去不少，也有饿死家里的，没吃没喝，就病死了。得霍乱还在前。

那时候日本（人）在中国，乱。日本兵来抢东西，被抓去的人很多，给他们当夫，搬东西，不都在本城，也有抓远的，咱那时候小，记不清都去哪了。

采访时间： 2009 年 8 月 31 日

采访地点： 巨鹿县巨鹿镇梁园村

采 访 人： 陈绪行 杜 凯 潘多丽

被采访人： 梁自申（男 78 岁 属猴）

我叫梁自申。

民国 32 年旱，七月才下雨，下透了，能种地了，下了半月雨，下雨后种的油菜，种的粮食受不了下霜，又冻坏了。民国 32 年饿死的不少，很多，每天都饿死很多。春天逃荒出去的多。逃荒有回来的，有不回来的，民国 33 年、34 年回来的不多。到唐山挖煤的，有回来，有死的。

霍乱很多，吃不饱肚子，天又热，抬回来用凉水泼，有哕的，拉肚子死得很快，没抵抗力，这是五六月得的病。没有治，谁给你治病啊？轻的有治好的，重的就治不好了，也没钱治。

民国 33 年有蚂蚱，地里是蚂蚱，咬地里的庄稼，蚂蚱过河打不死，太多了，家里都是蚂蚱，人吃蚂蚱。

日本人那时候还在，没有投降，抓劳工盖炮楼，皇协军在那待着。

柳林村

采访时间：2009 年 8 月 31 日
采访地点：巨鹿县巨鹿镇柳林村
采访人：杨　萍　董艺宁　张云鹏
被采访人：樊中丽（女　94 岁　属龙）

樊中丽

我现在岁数大了，不中，记不清了，叫樊中丽，今年 94 岁，属大龙的。学上了，一上就不叫上了，上了三年级，那时候姐妹多，叫看孩子。我有一姐姐，两个兄弟，一个妹妹。弟弟死在沈阳了，他 80 多（岁）了，死了，今年应该 88（岁）了。不是党员。

民国 32 年不记得了，老了记性不好，那年天气不好，不下雨，记不清什么时候开始，蚂蚱很多。之后一直没下雨，到了八月里才下了雨，那都不中了，啥都不收了，雨下了一天两天的，不大。

那时候我七八岁，人都是饿死的，老是干旱，庄稼没收，有逃吃的，有回来的，这个村里不多。有饿死的，没有上吐下泻，饥吃闹了一年。后来上过洪水，时间要晚。

过贱年，日本没来，过贱年之后日本才来的，第三年日本才来的，那时候有红枪会、大刀会。

采访时间：2009 年 8 月 31 日

采访地点：巨鹿县巨鹿镇柳林村

采 访 人：杨　萍　董艺宁　张云鹏

被采访人：阎志文（男　87 岁　属猪）

阎志文

我今年 87 岁了，属猪的，做过小学教师，在县城上的，高小毕业。没有入党。

旧历的七月十二下了透雨，已经两年没收了。饿死人可多了，一天往外抬好几个；种点菜，种了点晚庄稼，才收了。之前也下过，但小，不能种，后来那场下得大，能种地了，没有积水，只下了一晌午就透了。下了一个晌午，一个晚上，过了四五天种了点蔓菁、晚绿豆、晚玉米、晚谷子，收了，没有发洪水。

有出去逃吃的，不是很多，说不清去哪了，都在家里，没别的办法，就吃点野菜，死得倒不很多，就是饿得不像样。

得霍乱上吐下泻，有得这病的，吓得我不敢去看，咱村附近没大得的，别的村有得的，死得可多了，卷卷就埋了。医生也不敢看，有传染性，一得病，别人不敢靠近，扎针也能好。

不记得有蚂蚱。

木匠村

采访时间: 2009 年 8 月 31 日

采访地点: 巨鹿县巨鹿镇木匠村

采访人: 杨 萍 董艺宁 张云鹏

被采访人: 张廷禄(男 82 岁 属龙)

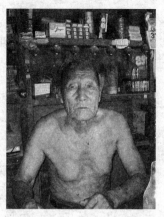

张廷禄

我叫张廷禄,今年 82 岁,上过学,六年级,没入党。

民国 32 年八月里才下雨,旱得不行,从年初到八月初一直旱,雨不大,下了几天说不清,那年旱情挺严重的,地里没积水,高粱还行,收了点。民国 33 年也没涝,民国 33 年就是蚂蚱可多了,蚂蚱把谷子都吃光了。逃吃的多了,十来家逃到山西去了,我没去。

民国 32 年有霍乱,闹肚子,上吐下泻,村里得霍乱死了 11 口,有医生,扎土针,好了的很少。一天就死了三个,那时候村里一共有 300 多口人,没有传染病。村里没有日本兵,日本人没有来抢东西,日本人穿黄色的衣服。

屈庄村

采访时间: 2009 年 8 月 31 日

采访地点: 巨鹿县巨鹿镇屈庄村

采访人: 陈绪行 杜 凯 潘多丽

被采访人: 马奎舟(男 80 岁 属马)

　　我叫马奎舟，今年 80 岁了，属马的。

　　民国 32 年春天就不下雨了，没有种上庄稼，没种麦子，也有蚂蚱，满地都是，饿死的人可多了。逃吃的一般都逃到山西，逃到山西的比较多。霍乱严重，吃不饱，得霍乱一天得死好几个甚至十几个，都来不及埋，也没人管。那时候皇协军也在，抓人去挖沟。

湾子村

采访时间： 2009 年 8 月 31 日

采访地点： 巨鹿县巨鹿镇东刘庄村

采 访 人： 王　青　谢学说　姜玲玲

被采访人： 王书敏（女　80 岁　属马）

王书敏

　　我叫书敏，姓王，80（岁）了，属马的。没有上过学，都是那时候穷的，家里也没吃的没穿的。不是党员。

　　民国 32 年，我还没有嫁过来，我娘家是湾子的，在城南。俺家里民国 32 年也没什么人了，俺爹、俺娘跟俺弟逃吃走了，剩俺跟俺姥在家里，俺爹跟俺娘都走了，一个兄弟死外面了。

　　民国 32 年一直就没下（雨），下雨还能过贱年？农历八月，快进九月里下的雨，雨也不大，能种了，撒了点蔓菁，种了点萝卜，就一点点，啥也没收，小山药就长这么长，长得愣小。有蚂蚱，可能是在过了民国 32 年之后，蚂蚱可多了，地上乱蹦，都整一麻袋一麻袋的，都打蚂蚱，谷穗上一层层的，黑天就给你咬光了。

　　吃啥没啥，成天在地里埋苜蓿，挖草，挖回来煮煮就吃，饿死的人多了，大人小孩死的可多了，棉花、籽饼都没有了，那都是好物，没吃的，弄点麻糁煮煮。咱这逃吃的多了，到这现在都还有没回来的，都逃吃走了，有上山西的，都走了，家里只剩下不能走的老头、老（太）婆什么的。都死的死，不死的也逃灾了，就这样过来了。我没逃吃，跟要饭差不多，我在家没走。

民国32年死得可多了，就饿死得多，饿得能不得病？见天埋，见天死，天天有人死，一个村不知死多少人，就是那病，就是霍乱，跑茅子的，高烧的，这病那病都是霍乱。下了雨之后，死开了，又死了一帮，先是饿死的，发烧死的，到下雨以后好了，又死一帮人，霍乱病。老医生说就是霍乱病，那时咱小，咱也不知道。那时候小，光知道死人，谁记得啥病，老人说是霍乱病。啥样？也不知道啥样，还顾得看啥样？怎么死的也有，饿死的，饿的饿，哕的哕，连哕带泻，死得快，那时都不说传染。那时候你治不起，也看不起，得病了谁看得起了？吃都没有，还看病？小孩死得可多了。卖点衣服买点谷子，就是好物，有个病就买点谷子来吃。

民国32年这里没上过洪水，上洪水是1963年，民国32年没发过水。都喝生水，谁敢在家烧水？不敢，都是喝生水，都习惯了，谁烧水呀？那时候谁家有暖壶啊？

日本人不行，孬，成天打人。日本人来了，黑夜里跑，也不说害怕了，人都跑那坟地了。日本人抓劳工，还打人，你给抓着了就要去，跑不了了，干活去，干不了就打，吓得人都不敢在家。

西韩庄

采访时间：2009 年 8 月 31 日
采访地点：巨鹿县巨鹿镇西韩庄
采 访 人：杨 萍 董艺宁 张云鹏
被采访人：刁一良（男 73 岁 属牛）

我叫刁一良，今年 73 岁，属牛的，上过六年级，上不起学，我父亲死得早，死的时候 18 岁，我没有时间上学。没入党。

民国 30 年、31 年、32 年三年大旱，民国 32 年旱情一直持续到六月份，麦子死了，七月份下了雨，不小，下了一天，后边又下了几回，种了点蔓菁。下雨了，收了点麦子，蚂蚱把麦头都咬光了，然后就吃谷籽，吃点榆叶，吃点菜，蚂蚱过去后，麦头全没了。

刁一良

人都逃吃去了，逃吃的有几家，逃了好几个年头，民国 33 年回来了，逃到了山西璧县（音），太原西南边。我和父亲、妹妹在家，民国 32 年前，俺爸就死了。那年死得可多了，俺奶奶是饿死的，喝不上水，有一部分是霍乱，不多，身体壮的还行，不壮就完了。那会儿村里没有医生，治也治不及，一会儿就死了，上吐下泻，这个村里死了十多个，包括饿死的。

我见过日本兵，白天年轻人不能在家，跑到西北边地里，皇协军要来抓夫。我小没去，有上火窑去的，这些人都没回来。

采访时间：2009 年 8 月 31 日
采访地点：巨鹿县巨鹿镇西韩庄
采访人：杨　萍　董艺宁　张云鹏
被采访人：梁计山（男　85 岁　属牛）

我今年 85 岁，属牛的，不是党员，上过三个月学。

民国 32 年是大旱年，从民国 31 年就旱，到民国 32 年阴历七月才下透雨，种谷

梁计山

子没有收成，秀穗了，下霜了，种的蔓菁收了，别的什么庄稼都没有。那年饿死的人多，逃吃的人多了，有上保定，有上山西的，待了很长时间，有走得早的，有走得晚的。

蚂蚱是日本（人）来了几年以后，民国32年生的蚂蚱，大灾吃还早，大旱，日本兵还没来呢，旱和蚂蚱是连着的。

得霍乱还早，民国32年没有霍乱，有医生给扎针，扎不及就死了。日本兵刚来的时候没有霍乱，有霍乱时我还小，听别人说的，不知道扎哪，没有见过。

日本兵来过一回，伪军都来抓夫，抓去的时候是日本（人）快走的时候，当天去，当天回，为日本（人）当夫，啥活都干。

西辛寨村

采访时间：2009 年 8 月 31 日

采访地点：巨鹿县巨鹿镇西辛寨村

采 访 人：矫志欢　孙维帅　李晨阳

被采访人：宋西头（男）

宋西头

我也没个大名，人家都叫我宋西头，我不认识字儿。

那时候旱了两三年，最少两年，谁知道民国哪一年。那地都旱得不行，那地里都烂得不行，都不长，什么也没收。没吃的，都饿着。后来一年比一年强了，就有啥吃了，饿的时候没粮食，都饿着，吃榆树叶。有饿死的，有逃吃走的，那一年都没粮食吃，整树叶吃，吃绿草籽。

灾吃年那一年逃吃的，有去山西的，我没去逃吃，也不是很多，没有一半。有走的有回来的，有的一家子去山西，把那妮子卖到山西了，到什么县，媳妇嫁到那了，他奶奶自己回来了，回来不久就死了。旱以后没下雨，逃吃的走了，又来了，后来又下了雨，雨多大不记得了，反正庄稼都长起来了。

有得病的，后来好了，不记得什么反应了，村里人得的不少，没一半，有点，都治好了。传不传染不知道，也不知道啥反应，不知道怎么治好的，那时候说是传染，谁知是啥，都说得传染病了，不知道叫什么，大旱年那一年死得还不多。那时候是砌的井，都在这喝水，都从这舀水喝，先放着，放一段时间澄清了再喝。

城里有日本人，也抓夫去，整天派人去城里干活。有时候抓人，有时候不抓，日本人还轻易不抓，皇协军抓。有时候做活，有时候当兵，抓去做劳工的有别的村的，抓去日本的两个跑回来了。他们不给东西，对小孩好啥好啊，也不管小孩。

我见过飞机，见天在天上飞，没见扔东西，在城里扔过炸弹，没在村里扔过。没见过穿白衣服的日本人，都穿那种军服。

采访时间：2009 年 8 月 31 日
采访地点：巨鹿县巨鹿镇西辛寨村
采访人：矫志欢　孙维帅　李晨阳
被采访人：宋喜廷（男　80 岁　属马）

宋喜廷

我叫宋喜廷，80 岁，属马的。

那时候旱了两年，头一年麦子都没收，秋里也没收，大贱年是第二年，民国 32 年，还要旱。民国 31 年、32 年，地里都旱死了，没得吃啦，饥吃。从八月就没粮食吃，一直到第二年秋，萝卜长得像手指头，荞麦一亩地能收两三布袋。

饿死的人可多啦，饿死一大堆，走的走，逃的逃，都走了，都向外走了，从民国 32 年收秋就走了，八月的时候。民国 32 年就没粮食了，跑的跑，吃草的吃草，都吃草，逃到赵州、朝县，有上山西的。我不记得逃了多少，没一半。我没逃，在家吃树叶子。

大约第二年立秋的第二天下雨了，下得也不小，地里下透了。能种庄稼了，种了荞麦、油菜，那会儿没河，后来时八路军来挖的河，那会儿地里没井。

哪些村都有得病的，霍乱，连哕带泻一会儿就死了，五六月热的时候得的。那时候没医生，一个县就有一个医生，有医生的用针管子抽血，就好了。哕，连衣裳上都是的，拉稀屁屁，肚子疼，村里一天能死四个，死多少不记得了，我那时还小，才十三四岁。俺大娘是得霍乱死的，名字不记得了。是旱的时候得的霍乱，不抽筋，抽血，抽出来的是黑不咚的，很浓，一抽就好，也不疼了，也不泻了，医生想的办法，找着医生就行，找不着就不行了，那时候医生少得不行，治好的比死的多。

得霍乱的时候日本人来了，来的时候我八岁，打仗的时候就打人、杀人，不打小孩。城边日本人多，把房子点着了，他们什么也不给，到村里还要吃的，皇协军还抢你东西哩。

那时候喝水有井，喝热水，喝好的甜水，喝了也不疼，也没一点事，也喝凉水，凉水喝了也没事。

民国 32 年没蚂蚱，旱得地里没草了，蚂蚱吃啥？那年没蚂蚱，我不记得哪年有蚂蚱了，特别多，那年我小，从三点到晚上一直有蚂蚱过，过去庄稼就光了，谷子都被咬光了，高粱、玉米都咬光了，从南边飞过来的，飞起来就走了，一个挨一个的。就是六月的时候，都吃光了，又撒了荞麦、油菜、胡萝卜。

有日本飞机，没看见扔东西，他们都穿绿色衣服，不穿白的。皇协军抓人去干活，年轻人抓去叫当兵，给人家做活，抓到城里了，没有抓到日本去的，干活就是挖沟、抬水。宋林成，他跑回来啦，能回来的不多，当兵的也有跑回来的。

西辛庄村

采访时间：2009 年 8 月 31 日
采访地点：巨鹿县巨鹿镇西辛庄村
采 访 人：陈绪行　杜　凯　潘多丽
被采访人：吉德印（男　88 岁　属狗）

吉德印

我叫吉德印，今年 88 岁，属狗，是党员。

民国 32 年大旱，从民国 31 年夏天就不下了，民国 32 年也是一点都没收，绿豆稍微收了一丁点，后半年下了一些雨，过了八月十五下的，下得不小。这里没有涝灾，这是全县最高的地方。

那时候饿死的人多，埋都没人埋了，抬不动，没有劲，人吃的是草籽皮。逃吃的多了，都逃到外面去了，往山西的多。民国 32 年春天出去逃吃，民国 33 年末大部分都回来了。

民国 32 年的时候有霍乱，那时候医生少，没钱买药，得病也没得治。吃中药，扎针的有治好的，治好的也不少。霍乱是夏天热的时候得的，夏季得霍乱，时间很短就死了。

民国 33 年有蝗灾，小麦收了又有蝗虫，穗不吃就吃仁儿，我们那时候光吃蚂蚱，蚂蚱就是主食。蚂蚱待了没多久。

日本人抢粮食，小麦、谷子、绿豆都抢走了。日本人抓走的人，有抓到日本去的，解放以后活着的人就都回来了。

采访时间：2009 年 8 月 31 日
采访地点：巨鹿县巨鹿镇西辛庄村

采访人：陈绪行　杜　凯　潘多丽
被采访人：吉东岭（男　75 岁　属猪）

吉东岭

　　我叫吉东岭，今年 75 岁，属猪的，上了两年半学。

　　民国 31 年秋天就开始干旱，民国 32 年立秋以后第七天就开始下雨，地里什么都没收，下得不小，下透了。谷子、油菜都种了，荞麦也都种上了，收得不赖。蚂蚱是民国 33 年春天来的，蚂蚱就是飞蝗，不能飞的一过来就连地皮都起了，绿豆它不吃，黍子蚂蚱都吃了，阴历五月又来了一次，穷人给蚂蚱起了名叫"蚂蚱神"。

　　民国 32 年就没点粮食，饿死的人多了，老的小的都没法过，年轻人就出去干活去。饿死人拿个席子就埋了，每天差不多都有饿死的人，饿的饿，死的死。民国 32 年去山西逃吃来，我家没有逃吃的，逃吃一般逃到山西、赵县，也有上关外的，哪去的都有，逃吃有死的，有回来的，民国 33 年、民国 34 年回来的就多了，死外边的也多，一般是饿死的多。

　　不记得民国 32 年有传染病，民国 33 年还是 34 年，不记得哪一年有得霍乱的。天热的时候死的人，霍乱症死得不少，心慌，大家都这么说是霍乱，地里连口水都没有，很热，水缺得不行，连口井都没有，吃水困难。霍乱不好治，也没法治，没钱，基本上死得多。霍乱症就是快死病，可能是连热带饿得的病，那会儿没西医，只有土中医，扎针吃草药，扎针得多。

　　日本人那时还没走，那会儿太乱，整天打仗，日本人多，皇协军也多。皇协军来村里抓人，干活，修炮楼，白天修，晚上拆了，也有抓到别处干活的，劳工要给日本人挖煤，不记得去哪了，指不定抓到哪去了，有抓到日本去的。

采访时间: 2009年8月31日

采访地点: 巨鹿县巨鹿镇西辛庄村

采 访 人: 陈绪行　杜　凯　潘多丽

被采访人: 周印巧（女　79岁　属羊）

周印巧

　　我叫周印巧，今年79岁，属羊，上了几年学，我老伴是党员。

　　民国32年地里旱，没有东西，这附近五六里地情况都一样。我家里一个月饿死了三个人，母亲、姐姐、姥爷都是那年死了，见天死人，见天抬，吃不好，喝不到，医疗卫生条件还差，不饿死怎么办？人们都出去要饭，就是贱年时候出去的。

　　下雨下了三四十天。有得霍乱转筋的，上啰下泻，拉肚子，在夏天五六月份最热的时候，身体虚弱，又热又饿，就这样得病的。

　　日本人那时候在这儿修炮楼，皇协军来我家翻东西抢东西，村子里有抓走的，我哥被抓走了，十天八天就自己跑回来了，他是抓去修炮楼的。

县　城

采访时间: 2008年7月10日

采访地点: 巨鹿县巨鹿镇老防疫站家属院

采 访 人: 李莎莎　张　艳　贾元龙　王　瑞

被采访人: 杨俊淑（女　76岁　属鸡）

　　我上过中专，退休前是防疫站副站长，是1972年到的防疫站。

　　我听说过的建国之前的情况，民国32年死的人多，得病的人一会儿就死了，俺爷爷去亲戚家里的地里锄地，就死在地里被抬回来了。这病传染，一家子有好几个人死的，吐泻物传染，俺家里就爷爷得这个病。

民国 32 年时，我光推磨了，那时一年多没下雨，等到立秋以后才下的雨，种上庄稼了，糒上地了。民国 32 年，饿死的人多，往外逃的人多。俺那胡同里外逃的到现在还有一家没回来，还有一家走时有三个小孩，回来时都没回来，小孩都死了，他们家最后只剩下一个人了，他们都逃到东北去了。

杨俊淑

民国 33 年上的蚂蚱，从北面过来的，庄稼都长这么高了，谷子都快收了，蚂蚱是早上四五点钟来的，在这里待了三四个月，我们只能轰。我见过日本人，小驼子，戴着钢盔，把人轰到场里，打麦子用的，说那些大人是共产党、八路军。

采访时间： 2009 年 9 月 3 日
采访地点： 巨鹿县
采 访 人： 赵曼曼　郑文娟　常　乐
被采访人： 左宝珍（男　79 岁　属马）

我叫左宝珍，79 岁，属马的，高中毕业，40 年代的中学生，那会儿邢台地区就两个中学，1948 年参加的工作，在邢台市，那会儿叫地区，那时候政府的名称叫行政公署，参加工作在卫生部。1948 年，我所在的单位的名称叫医药联合会，后来从邢台转到巨鹿，当了乡团委书记，后来是县民兵团政委，后来到人事局，再后来是农业科长。1987 年开始做档案馆馆长，做了两年档案馆馆长，档案馆就是组织这班人管理县里的档

左宝珍

案。后来做局级调研员，1991 年离休。

1937 年，抗日战争爆发，我参加了抗日总团，那时候我才 7 岁。1943 年大旱灾，敌人疯狂得很，巨鹿旱灾特别严重，环境恶劣，共产党转为地下，我 1943 年才 13 岁，当时我父亲在抗日战争中是区委委员，领导一个区的抗战救亡工作，敌人工作比较活跃，我父亲在邢台转为地下工作，这时候是 1942 年。

我逃过一回吃，到的邢台，1943 年五月份逃的，1944 年六月份回来。1943 年灾吃严重，我母亲、我、我妹妹逃吃了。邢台那有块水地，可以基本得到温饱，在家里温饱都保不住，那会儿逃的人多得很，巨鹿这没有水浇地，当时都是旱地，靠天吃饭，邢台是水浇地。逃吃主要到两个地方，东北、邢台，大部分上东北了，小部分有依靠关系的在邢台。去东北种地，可以吃饱饭，饿不死，得到温饱，石家庄附近与邢台这逃得多，饿不死。1943 年春天逃出去，1944 年巨鹿这小麦收了，1943 年没收，没什么存粮，这一年都饿死了好些人，1944 年小麦收了，我就回来了，大部分近处的回来了，远处的东北的不回来了。这个县逃的人口比例我也不知道。

我们这个巨鹿县志是 80 年代编的，我那会儿是编委成员，抗日战争爆发时我 7 岁，这个全过程我都经历了，那时候水深火热，我虽然年纪小，可对整个事都刻骨铭心。这篇文章是 70 年代写的，80 年代作了一次整理，70 年代写了一次，80 年代又作了一次证实，80 年代是全县的，70 年代是公社的，当时在阎疃公社，这些数据是一个小队一个小队统计的，做这个统计一点都不能假了，假了就没价值，真了就千金难买。那时候公社有 40 多个大队，小队会议的时候，这个小队有多少户，分户来查，谁家死多少人，这是日军侵华的账，我就记下，这户死了多少人，死了没有，死了一个、两个还是三个，一点不错。我又结合别的部门搞了一个全县的数，那个数不太准确，我当时 13 岁，我又过细地统计了一下，我生活在东旧城，在我公社管辖内，村的典型户，我就记下来，我把那时候真实的资料记下了。第一次写是 1961 年，到县里 70 年代，结合其他部分写的，县志里的是 80 年代，公社是 70 年代，1980 年写的，1994 年才出版，搞了好几年。

我在家时看到一部分，有个地方有 100 户人家，饿死了 100 人，（每户）平均一个人，有两个的，有三个的，有没有的。有个叫刘俊久的，一家 5 口人，全饿死了，是比较典型的。老乡在贫困线上挣扎的时候，我逃走了。邢台当时真的是惨不忍睹，要饭的太多了，走的就有奔头，没奔头的，都要饭，给还不能全给，在街上喊，不上门，就喊"给点剩汤啊，剩饭啊"。不到家里去，一家给一点，岁数大的要一点，饿得走不动，就在街上躺着。那时候敌人在这里，没人管，一躺就不要饭了，别人也不给了，就饿死了。饿死以后，日本人不叫在这，就把死人抬到西边，西边是一片坟地，找一个大长木头，脖子上捆道绳，脚上捆道绳，中间一道，共三道，没坟，往那一放，就叫狗给吃了，不埋，往那一扔，就好几条狗吃，真是苦不堪言，这我都亲自见了，在这一年，经常看到。给我印象比较深的就是邢台那街叫西大街，当中有一个就叫阁子的东西，就和门一样，和隧道一样，两边有坛，经常有人躺着，那躺着的就饿死了，邢台就那情况，我就住在邢台东边。

巨鹿全县的统计，据巨鹿县志记载，逃吃的有 67978 人，其中饿死490 人，这是逃吃的，连（在）家的，饿死一共 17920 人，妻离子散的 24户，卖儿卖女的 3992 户，至今未归的 3043 人，这是 1994 年统计的。拿一个村来说，大吕寨村，当时 76 户有 379 人，一共逃吃接近 50 户，光饿死的有 117 人，这个村一户合一个多人，我家（所在的）村一户一个。阎瞳村的逃吃的有 13233 人，饿死的有 4883 人，卖妻子的 403 人，卖子女的 801 户，一人一户嘛，被日军杀害 447 人，因生活困难自杀 56 人。我老家 100 户，饿死的接近 90 人。60 多年了，我就永久保存了一个本，写上面了，广播站播了一回，引起很多人关注，一直到 80 年代末编县志，编上面了。有关日军侵华，1943 年大吃灾就这情况。灾吃年，灾吃主要是 1943 年，1944 年就过了。一般死亡的啊，那时是 1000 口人，其中正常死亡的不到 10 人，有个三五个，现在 200 来户，每年死 5%，才十来人，那时就一户一个。

除了饿死之外，1943 年还有霍乱，现在霍乱世界上已控制住了，根治了，那时医疗没保障，温饱没保障，不是一天两天饿死，是身体慢慢地垮，还（有）一个原因就是霍乱。我也记不清霍乱死了多少人，后来没统计，记清的就四个：一个我亲戚叫高利，东旧城村的，当时他二十来岁，我十来岁，霍乱死了，还有一个杜仁邵，19 岁死的。兄弟俩，一个刘平金，他得霍乱死了，死了不举行什么仪式，死了就埋了，第二天，他兄弟叫刘平齐，霍乱了，两天死了两个，当时都是 30 多，20 多的岁数，两天埋人啊！我知道这四个，三个 20 多（岁），一个 30 多（岁），壮得很，一得病，就吐、泻，脱水了，就死了。最可怕的就是传染，他得了病，也得靠近，他家里人还能不管？今天埋了一个，明天又埋一个，他能不管？连着就剩这一个老太太，现在健在，60 多（岁）还在这捡吃的，那一家兄弟俩，那会儿岁数小，就走了。一共有多少不清楚了，这个就我写的，别人没有。县志上可能有霍乱，我就不清楚了，除了县志外就没有了。当时医疗条件差，你治不了，人很快就脱水了，就死了，这个病，就 1943 年的时候流行，春天里流行一段，我就走了，就那四人，我没见过这个病，我走时就有，走了还有，霍乱这个病。

那年农历七月下的雨，公历就是 8 月，现在 9 月 3 日，那时就上个月下的雨，一直春天就旱，旱到七月。上半年饿死多少人！该饿死的都饿死了。收的也不多，地里都是草，有的没种上，有的种上没出，种的荞麦，也有种谷子的，有收的，多数没收。下完雨后，霍乱病发病情况不知道了，主要在那一年，大灾必有大疫，邢台那里没听说霍乱病。1943 年没发洪水，地里多半年没下雨，都渗下去了，现在街里没草，那会儿街里，院里都是草，比人都高。

蝗灾特别的厉害，那是 1944 年，3 年大旱灾，蚂蚱都是一地，挖沟，后来都能飞了，麦子上都发亮，我们村芦苇多，上面明明的，簸箕一弄一簸箕。人吃蚂蚱，就好多了，往沟里出来了，布袋一弄就吃。回来后割麦了，麦子一割，就过去了。蚂蚱是从上面来的，不是在这的，繁殖挺快，

1944年春夏就飞走了。

日本人不管霍乱，他也没什么医生，土医生治不了，就是死，他也控制，农村里不管，火车上不一定，我不清楚，他只管自己，管什么老百姓，专家可能知道一点，我小孩，光看个现象。不能确切地说怎么得的，怎么传染的。细菌战这个我看得不系统，没听说，就是日本人干的，那书上说，投炸弹传播，拿人做实验，巨鹿这日本人传播的说不准。那时候卫生防疫谈不上，日军也不管，有没有直接的关系我说不上来。

抓劳工给本地干活的有，老干部就被抓走了，曹志齐，他被抓到日本那的。抓到日本那的不多，我在邢台住，那个房东叫（被）抓走了，不知上哪了，三十几岁，在火车头上干活，不是司机，填炭头。在巨鹿这抓到日本的不多。

小官庄村

采访时间： 2009年8月31日

采访地点： 巨鹿县巨鹿镇小官庄村

采访人： 陈绪行　杜　凯　潘多丽

被采访人： 肖巧花（女　78岁　属猴）

肖巧花

我叫肖巧花，今年78岁了，属猴的。

民国32年的时候大旱，没下雨，地里连草都见不到，庄稼也没收，雨下得很晚，可能是阴历六月二十几下的雨，比较小，下了之后耩了一些黍子，收了一些黍子，谷子没收，都没长穗。那时候没吃的，都吃些草籽，弄成饼，放在锅里煎煎，弄熟了就吃。把草籽树叶都吃光了，没吃的，又没人管，日本人还在这呢！饿死的人很多，一天能饿死二十几个呢，天天有往外抬的，都埋不过来。有逃吃的，有很多人逃到山西去了，春天逃的。

当时有得霍乱的，这病很厉害，天天都有得病死的，上哕下泻，得了这种病一晚上就死了。没人治，那个人吃人的年代谁治啊！没吃的，没喝的，得了这病就没有治好的，这病是五六月份得的，天热的时候得的。

那蚂蚱是民国 33 年来的，过了贱年之后来的，第二年来的，那时候人都炒蚂蚱吃，蚂蚱一抓一大把，没吃的就吃蚂蚱。那时候还有日本人和皇协军，他们还抢我们的粮食，日子就更难过了。

小马庄

采访时间：2008 年 7 月 11 日

采访地点：巨鹿县巨鹿镇小马庄

采 访 人：李莎莎 张 艳 贾元龙 王 瑞

被采访人：史勇忠（男 87 岁 属狗）

史勇忠

我上过小学，是党员，1938 年在临清入党。曾养过伤，跟过石友三军团，耳朵听力有困难，1942 年在鲁西入党。

民国 32 年从（山东）回来，打游击。老百姓不愿意跟着我们，我和一个巨鹿战友跑了，那时 21 或 22 岁，家在西北角，从西北方向走，经过棒子地，到临清，两个人一起过卫运河，我战友和我说："你要没死，过了河以后，在那面等我。"

我和他一起到的临清，我们是 1938 年 4 月到的临清、曲周、枣强，最后在临清。那时城里没日本人，在夏津住了半月，又过了京浦铁路，上邹平、乐陵，住到乐陵。没有日本人在县里时，都在铁路线等。中央军都自南退走了，在乐陵有地方都防，故县大队归县里管，县里部队欢迎我们，迎接我们。部队老的五六十（岁），小的十三四（岁）。有红枪会，一个大刀片；一个红缨枪，有个杨司令，有三四万人。

日本人是 1938 年腊月来到巨鹿的，年底日本人都进县城了，日本人 1945 年 6 月 19 日从巨鹿走的。正月，日本人都运到铁路线了，去邢台了。

日本人下乡扫荡，（实行）"三光"（政策），杀光，烧光，抢光。1942 年日本人光抓人，县里（有）县大队，后面也有大队，我在二区中队。

1942 年最旱了，一直到 1942 年七月初七下的雨，下的雨不小，路滑，我摔得不行了。下雨那时下得有房子倒塌，连下带不下有 40 天下雨。下过后霍乱病不清楚。那时候我们光藏，夜里活动，姥娘让我藏在储物室里。

那时有饿死的，逃的人都逃到山西了。那时候人们都是穿布衣，在山西一个棉袄能穿好几年，就在那边倒卖衣服。皇协军是协助日本人，卖了衣服回来时，皇协军已经把粮食给挑没了。

这 1942 年、1943 年没发过大水，1963 年发过大水，地震。

1942 年四几年，闹过蚂蚱，下雨以后，蚂蚱一飞，把天给盖了。

1942 年死的人不少，各村死的人都不少。我是 1942 年回的，从这里没有出去过巨鹿，回家是为了养伤。我年轻时多病。咱这没听过有霍乱。

我退休前是人大常委会代表，我从 1944 年回来以后一直在公安局，当副局长、局长一直到"文革"。

小屯头

采访时间： 2009 年 8 月 31 日
采访地点： 巨鹿县小屯头
采 访 人： 李晨阳　孙维帅　矫志欢
被采访人： 李计恩（男　82 岁　属龙）

我叫李计恩，82 岁了，属龙，我不认识字，也不是党员。

民国32年旱，从头一年种麦时就开始啦，种麦都种不上，我家有20亩地，都没收，旱到第二年立秋后三天才下，下得不小，下透啦，种上了油菜、荞麦。

李计恩

发大水还得往后，那是1963年。

那年得病的，都是饿的，他吃不上啥东西不得病啊？吃得赖，我不记得有啥传染病，那时的事都忘了，也记不准，没个医生，有了病也没法看，吃也没得吃。

逃吃的有，咋没逃吃的？有往山西的，我那时还小，村里人去的不少，孩子、娘儿们都走啦，到收着粮食的时候才回来。

旱（在）那年以后，第三年生的蚂蚱，我记得，跟牛粪堆似的，一堆一堆的小黑蚂蚱，地里头，一疙瘩一疙瘩的，生可多的蚂蚱，把庄稼叶子都吃了，人吃不上粮食，就吃赖的，吃糠，吃蚂蚱。蚂蚱就（出现）在秋天的时候，谷子刚收着的时候。蚂蚱是在这生的，不是外来的，那小，一蹦一跳都走啦，过了麦，下了雨种了地，那蚂蚱一压一大堆，可多个了。

见到日本人来过村里，大年三十往巨鹿来的，忘了，都记不准啦，开车往村里过，那时也没干什么坏事，光开车从这过。日本人没给小孩吃什么东西。咋没看见飞机啊？飞机仨俩仨俩地飞，没往下扔什么东西。

阎庄村

采访时间： 2009年8月31日

采访地点： 巨鹿县巨鹿镇阎庄村

采 访 人： 矫志欢　孙维帅　李晨阳

被采访人： 李冬计（男　91岁　属羊）

我叫李冬计，属羊，91岁，我是党员，老党员了。

李冬计

民国32年那年旱，从春天种上地，地里庄稼长那么高就旱了，啥都没收着。旧社会没人管，伤的人可多了，就在地里薅菜、芝麻叶，就地里长的，黄蒿不能吃，什么没毒就吃什么。那会儿大多数人，一个村里80%的人都没有了，那几年1943年是最严重的。我那时不在家，在孙户村做苦力，给地主扛活，有时候在家，有时候不在家。

到阴历八月下了点雨，粮食都收不了了，在地里种了点萝卜，俺村里下雨下得很大，俺村里有这高，都淹了，俺村地势洼，那土坯房都危险了，连阴带下40多天，见天下，不带歇的，见云彩就下，后来晴天了，有太阳了。40天雨，那雨都下淹了，水都埋了门了，河跟地都成一个了，找不到河啦！1963年也下的大雨，都差不多少。1943年高粱刚有穗的时候下的，没人管。

那时候有逃的，有不逃的，俺村里逃的少，都在家里受罪，有一家人逃走了，现在都没回来。俺村里现在220多口，那年就60多口，都在地里弄野菜、树叶子，就那生活。逃吃都是长流水的，收秋以后，一看家里没东西就走了，大规模的出去是民国32年，1943年，绝收了。

那时候也不说病了，有病也治不起，有东西也给夺走了。霍乱是有，就在1943年里，就在这坐着就难受，那时就兴中医，有医生给扎扎就好了，不扎就死了，那会儿我不在家，有死的吧。贵福是那一年死的，那叫霍乱病，在这好好的，肚里一呼噜就坏了，很快。那时候老百姓不知道传染不传染，夏天天热的时候有霍乱，阴历六月、阳历八月里（有）。有病日本人也不管，有粮食就抢。埋地里，也给你弄走，找着物了就走了，他不管你生活，你有东西就给你抢走了。

那时候喝水就是在地里挖的井，井是浑水，要先晃晃，澄一澄，喝凉水的时候多，天天喝热水？那时候哪有那条件啊？

1943 年也有蚂蚱，要说蚂蚱，在正西，农民做饭的时候，太阳在西边，飞得黑了天，整个蚂蚱把太阳光挡住了，跟黄天似的，什么都看不着啦！过了一会儿，有半个钟头就过去了。以前地里生的，叫土蚂蚱，过去的人迷信，说是神蚂蚱，把太阳挡住，飞到北边了，有 80 来里地。这里一般的时候是土蚂蚱，跟那一次的蚂蚱不一样，这是在八月的时候，阴历，过去就没了。到北边又聚成群了，那棒子都一米高了，蚂蚱过来就给吃光了。那蚂蚱怎么过的河？一个咬一个，有一个屋子这么大，在水里聚起来就过去了。

日本人是 1937 年来的，1937 年阴历十月来巨鹿了，来到俺这俺知道，来了，抢夺东西，抓共产党，该不抓人啊？他叫你死你就死，叫你活你就活，叫你捆着走你就捆着走。抓你走，有当苦工的，有回来的，有抓到日本去的。老百姓要是在城里有钱的给点钱，就可以不去了，没钱的就干苦力。

我见过的飞机就两三架，多的时候有 30 架。地里一两个人在走，有三个人，他们就往下用枪打。

采访时间：2009 年 8 月 31 日
采访地点：巨鹿县巨鹿镇阎庄村
采 访 人：矫志欢　孙维帅　李晨阳
被采访人：李文臣（男　71 岁　属兔）

李文臣

我叫李文臣，71 岁，属兔的，原来上过两年小学。

民国 32 年大旱，人吃树叶子，那边有一家人饿死了五口。从春天一直没下雨，俺村的一个人愁死了，死的第二天就下雨了，饿死的不少，到第二年丰收了，一过麦就没事了，麦子都收了。

后来下雨了，下多大雨不记得了，反正能种了，六七月下的雨，下了就能种了，下雨那时下透了，河里没发水，地都能种了，来年就收了麦子了。上山西逃吃走的不少，哪村都有，剩下的有十分之一就不少了。蝗灾是从春天到过了麦的时候，那一飞，就过去了，漫天都是蚂蚱，两天蚂蚱都出来，把粮食都吃了，要不打它（干）吗？

有得那霍乱的，咱村的死了好几个，俺村死了仨，那时村里一共五六十口人，死了仨。说是霍乱，哕、泻，大概是连吐带泻，肚子疼，那时的医生跟现在可不一样，那会儿哪有医生啊？三村五村还没一个，吃中药，没有西药，医生开的，去城里抓药。也有治好的，很少，大部分没治好，科学没那么发达！春天就有这种病，到六七月就不是很多了。

那会儿没井，都是自己挖的土井，现在是机井可以用大泵抽，那时候用舀子舀水喝。

俺村没（常驻的）日本人，过来过，打人、抢东西、要粮食、要钱，反正打过人，没在俺村杀过人。日本人给馒头，给小孩糖吃，打大人，不打小孩，记不很清了。日本抓夫，抓人抓过去给他们干活，后来都回来了，辛庄那边有个没信的，没回来，不知死活了，要回来现在都80多（岁）了，八九十（岁）了。

那时候飞机很少，飞机少得跟现在一样，看见飞机跟宝贝似的。

余家庄

采访时间：2009 年 8 月 31 日

采访地点：巨鹿县巨鹿镇余家庄

采 访 人：杨 萍 董艺宁 张云鹏

被采访人：辛志芳（女 77 岁 属鸡）

　　　　　　胡忠仁（男 86 岁 属鼠）

辛志芳：我今年77（岁）了，属鸡的，上过学，六年级毕的业，没有入党，民国32年没有逃荒，那时候还小。

胡忠仁：我今年86岁，属鼠的，那时候都乱打仗，没有上学，没入党。

胡忠仁、辛志芳：民国32年旱的啥都没收，到八月份才下雨，到下霜时玉米刚有

辛志芳（右）、胡忠仁

粒，玉米冻了不长了。春天就是旱，下雨都晚了，种啥都没收，有啥吃？吃树叶，槐叶、柳叶、榆树叶、杨树叶子。那时候没有井，有河没有水，光靠天，没河水，东边有河也没水，没下雨哪有水？

民国31年、32年闹霍乱，烧起来能烧死，日本人来了，没吃的、没药，医生有，可是没钱，死了就死了，发烧，退不了烧，加上没物吃，不吐啥。死的人不少，用席子一卷，这个还没抬，另一个就死了，用门抬着。那时候不知道啥叫传染，剩下没多少人了，连饿带跑的，医生都饿跑了。

民国32年日本人都来好几年了，人饿得都逃荒，没吃的，不知道逃的多少，那时候谁管谁？跑到包头、山西就要饭去了，俺也去逃荒了，去山西了，在外边就参加八路了，一出去十来年就没回来。

民国32年日本人都来了，城里都有日本人，村里也都有，皇协军来抢、来收，那时候有村长，日本人来后，皇协军多得不行，不执行的话就乱打杀。日本人整天要劳工修巨鹿到南宫的公路，都去了，去大城市、煤矿叫劳工，干一天活放回来，叫民夫，不知道有没有抓去东北的，这附近去的，都死了，不记得名字。

过了民国32年，第二年有蚂蚱，树叶子都没有了，作物都给吃光了，蚂蚱在院里，聚了炒炒就吃了，天上都黄了。

苏家营乡

东旧城村

采访时间： 2009 年 8 月 30 日
采访地点： 巨鹿县苏家营乡东旧城村
采 访 人： 王　青　谢学说　姜玲玲
被采访人： 左西刚（男　80 岁　属鸡）

左西刚

我叫左西刚，80（岁）了，属鸡的，我半路上的学，18（岁）才上的，那时穷，上了两年。不是党员。

民国 32 年是旱年，从新年到七月里才下的雨，我没籽种，卖了一些东西买了一些麦种，在路上弄丢了没法种了。旱得厉害，么都不长，卖儿卖女。

那年都要饭去了，受不了，没亲戚朋友的就抢东西吃，有亲戚朋友的就出去，饿得受不了，我没有亲戚，没出去逃吃，也有去天津打工的。民国 32 年是贱年，日本军来了也要，皇协军也要，给人要穷了。

有得霍乱的，都说是霍乱，得霍乱，要扎针，放血，那时候没先生，都是瞎治，都扎针，有些扎过来了，有的就死了。村里哪一天都有死人的，就抬了埋人，人肚子没物，大部分都是饿的。霍乱就那年厉害，得了病肚子疼，都受不了，就扎针放血。我家里死了三口人，我父亲、姐姐，都得这个病死了。得病立时就死，很快就死，我没得这病，要不然得病就死，那时也没先生。

日本抓过人干活，但不是民国32年，不记得是哪年，我也去干活了，还受表扬了，白天给日本挖沟去，地道沟一丈多深，黑天八路军让俺填了，白天挖沟，黑天填沟。

我见过日本人，咱不是说日本好，日本人还不是那么坏，就是那皇协军闹，那皇协军说你是个么就是个么。

我记得是第二年有庄稼的时候，招的蚂蚱，不知道从哪来的，一滚一滚的，过河的时候团成蛋子过去，哪来那么些蚂蚱？没法了，地里挖沟，轰，装布袋里，回来吃。

记不太准了，都那么多年了，不爱提了！

采访时间：2009年8月30日
采访地点：巨鹿县苏家营乡东旧城村
采 访 人：王 青 谢学说 姜玲玲
被采访人：左西仁（男 77岁 属鸡）

左西仁

我叫西仁，我姓左，77岁了，属鸡的，没上过学，过贱年怎么上学？以前是党员，现在不是了，1963年入的党。

那年庄稼都旱死了，晚庄稼过了麦才收的。七月初六下了雨，一场雨下地里，才有收了，还不赖，萝卜、荞麦收得不少，雨下得不小，都透了，雨水可好了，雨下了七天。民国32年七月之前都没下，干旱，庄稼旱死了，不厉害，庄稼能都旱死了么？发大水是后来，发大水是1963年发大水。

蚂蚱是以后，第二年上的蚂蚱，地里飞的蚂蚱，这么长，我们在地里逮了蚂蚱，烧着吃。

民国 32 年村里的人都饿走了，没东西吃，没物吃，日本人要。大家都饿跑了，逃吃了，一逃吃都没回来的。出去的不少，我没出去，有逃去栾城、石家庄的，有去藁城的，都走了。

日本人整天抓劳工，给他做活，有抓到日本去的，俺村的王庆曾（被）抓到日本了，后来回来了，解放后回来的，回来当了八路军，现在已经死了。

民国 32 年有得亚麻疹的，得挑，挑破了就像羊毛一样，就叫羊毛疹，霍乱也有，羊毛疹也有。民国 32 年有霍乱，六七月里得，得的不少，治不好的就死了，治好了也就好了，我该没见过霍乱病？跟感冒一样，一得就死，死得快了，霍乱病跟感冒一样，发烧，没别的症状，传染。俺街里就有，家里人没得的，不知道为么得病，得病的有好的，少，死得多。过麦时候，下雨之后就没有得了。上哕下泻那是羊毛疹，就得挑针，挑不好就死了，得医生给挑，霍乱病也上哕下泻，那时有医生也是土医生。

后无尘村

采访时间：2009 年 9 月 1 日
采访地点：巨鹿县苏家营乡后无尘村
采 访 人：陈绪行　杜　凯　潘多丽
被采访人：张延存（男　87 岁　属猪）

张延存

我叫张延存，今年 87 岁了，没上过什么学，当时家里穷，也没入过党。

民国 31 年下雨也不多，地里没有种上庄稼，一片赤芜，立了秋后三天下的雨，那次雨下得很大，把地都下透了，但是没有涝，种了一些晚庄稼，那年没有下酷霜，天不是很冷，没把庄稼冻了，多少收了一点。灾吃年的时候没有吃的，饿死的不少，逃吃的也不少，都逃到西北口，上赵县、栾城的也有，它们那里有井有水浇，关外的也有。逃吃的民国 32 年春天就出去了，有回来的，也有死在外面的，民国 33 年就有回来种地的。

有得霍乱的，一会儿就死，叫霍乱转筋，那时候没有医院，肚子痛，腿抽筋，跑肚，拉肚子，传染性很强，又哕又泻，村子里死了十几口子，像流行感冒一样，一会儿就过去了。记不得什么时候了，霍乱不管什么年纪，说得就得，死得也快，能治，一扎就好了，扎针把血放出来就好了，不流血就好不了。

蚂蚱灾不记得是哪年了，我记得蚂蚱可多了，从东南向西北盖地来，满地都是。

有蚂蚱的时候，日本人就走了，日本人啥都抢，不让吃东西，抓人挖沟、垒墙，青壮年有抓走的，但抓到哪就不知道了，听说有些抓到日本去了，日本投降后有回来的，有的就死在外边了。

前无尘村

采访时间：2009 年 9 月 1 日
采访地点：巨鹿县苏家营乡前无尘村
采访人：陈绪行　杜　凯　潘多丽
被采访人：李贵五（男　82 岁　属龙）

我叫李贵五，今年 82 岁了，属龙的，没上过学，家里穷上不起学，也没入过党。

民国 32 年的时候，那时候我还比较小呢，也就十二三岁，民国 31 年就不下雨了，地里种不上庄稼，连种子也没有，种子都是

李贵五

从外地带回来的。像栾城那边，它们那边有井可以有水浇，咱这里打井的也不多。阴历七月初五下雨了，地下透了，种了一些晚庄稼，早庄稼不长了，晚庄稼也就收了一点，收得也不好。

逃吃到西安的比较多，那里能种庄稼，咱这里饿死的人很多，没人管，挖个坑就埋了，得病的人也不少，没人治，得了就死了。那时候日本人在这，在我们村住着，抓人干活，打老百姓，有时候直接把人就活埋了，活干不好就打人，还点火烧房子。

蚂蚱可多了，遍地都是，墙上树上都是，一抓一把，一个钟头就能抓两三麻袋。蚂蚱把麦穗咬下来，但是不吃，就给老百姓带来了一些粮食，因为麦穗掉下来不好弄，地主就雇农民捡麦穗，最后能得到一些，所以就有一句顺口溜："蚂蚱神，蚂蚱神，咬了麦子救穷人。"除了那些地主，大部分老百姓都没吃的，饿得不行，顾不过来了。

采访时间： 2009 年 9 月 1 日
采访地点： 巨鹿县苏家营乡前无尘村
采 访 人： 陈绪行　杜　凯　潘多丽
被采访人： 张庆华（男　87 岁　属猪）

张庆华

我叫张庆华，今年 87 岁了，属猪的，上过五年级，日本人来了之后就不上了，也没入过党。

1941 年、1942 年雨也不大，也没怎么下雨，1943 年的时候旱，地里旱得就没种庄稼，（没种）地里就没庄稼了，七月初三立秋，七月初五下了雨，下了一两天，不小，地都下透了。有的种了一些庄稼，种了一些绿豆、小谷子、萝卜，再加上天还不是很冷，就收了一点，但还是不够吃的，地里没涝也没有发大水，当时种的时候连种子都没有。

日本人在这里闹腾，抢粮食，就更没吃的了，饿死的有百八十口子呢，每天都有饿死的，那时候人少，我们村才有六七百口子人呢。日本人在这住着，经常扫荡抢东西，抓人干活，盖炮楼、挖沟，打人可厉害了，干不好就打你。

又闹霍乱，传染病，一天死两三个，但闹不清是什么时候了，得霍乱的时候很热，夏天得的，又哕又泻，治不过来，半天就死了。有扎针的，那时候医术不好，就是土医生，有扎好的，但是不多，得病的大多死了，霍乱能传染。

逃吃的不少，有逃到山西、西安的，东北的也有，还有逃到赵县的。民国 32 年四五月份出去逃吃的，最后有回来的，也有没回来的，回来的一般 1944 年、1945 年就回来了，待个一年半年的就回来了。

那时候有蚂蚱，满地都是，麦快熟的时候来的，把种在地里的麦子都咬光了，树叶也吃光了。人都吃蚂蚱，一锅一锅地吃，蚂蚱大约待了又一个多月。

苏家营村

采访时间： 2009 年 8 月 30 日
采访地点： 巨鹿县苏家营乡苏家营村
采访人： 王 青　谢学说　姜玲玲
被采访人： 张祥平（男　76 岁　属狗）

我叫张祥平，76 岁了，属狗的，上了二三年学，小学没毕业，那会儿没法念。不是党员。民国 32 年的事，记得不完全了，记得一部分，那时候光埋书，日本来扫荡，就埋了，咱念的是共产党的书呀。

张祥平

民国 32 年天气不好，也不能说不好得不行，就是日本闹得不能种。大灾吃那年我大概 10 岁，灾吃年主要就是日本闹的，眼看着光来"扫荡"，你还能干活么？也不能干活了。那一会儿也不知道就跑了，小学生就埋书，日本人一来就都跑了，要不他就揍你了。我该没见过？皇协军是汉奸。你反正不敢在家里睡，都出去了，都上地里睡去了，你上地里还不能锁门，你得开着，你要锁着门，他们拿仨俩秫秸就给你点了，就那么厉害，烧房子。

那几年年年旱，民国 32 年那年是到七月里下的雨，下了好几天，起先没下，三伏天种了荞麦，种得晚了，老话不说么，头伏萝卜二伏菜，三伏过了种荞麦，你都到三伏哩，种嘛也不收了，就只能种点小麦、菜。七月里下了雨，我下着雨上地里看禾子，禾子没灌满粒了，回来使刀刮刮，就摊摊贴饼子吃，高粱面。发洪水是以后的事，民国 32 年没有，大洪水是 1963 年的时候，房子都倒了，下雨流过来的，这里连（通）外边，外边高，都流到这面过来了。

那年人饿得掉头就倒了，第二天就往外抬一个人，死人，都饿死的，也有得病的，反正饿死的多，饿得不能走就爬。霍乱有，那病可厉害了，你看着不行了，在那闹腾闹腾的，俺这死的人不多，俺家里人没得病，村里得病的不少，连饥带饿，天一热可不就得霍乱？没劲儿。不热不能得霍乱，冬天就没得霍乱的。就是热的，上地里，渴得受不了，没有水，重了就死了，本来人好好的，能有啥病？有病还上地里去？从地里回来，热得得霍乱了，就是热的，不热不能得霍乱。这是下雨以前得的，到秋天就凉快了，要是治了还是好治的，那会儿来不及治。那年五月我去赶会，我 18（岁），看见有人得霍乱上哕下泻，喘上加哕，好好的老头，不知怎么死了。

蚂蚱盖地来，白蚂蚱，那也是在民国 32 年吧，不是民国 32 年就是民国 33 年，反（正）就这两年。旱，那时候都旱，以后一解放，人都干活了，能收点了。

逃吃的多了，都出去，老人孩子都在家里为了活命。见天朝外抬死人，这村大，死老些人了。那时候有上陕西的有上栾城的，落在那的人不少，女的不少嫁到那里了，有回来的有不回来的。劳工？多了，一干就是好几年，这个村后头有个二桂，他姓姜，我不记得叫什么了，光记得二桂给抓走了。日本（人）叫你干么就干么，有的都抓了没回来，一出去就没回来，一走就没影了。也有回来的，不多，抓的劳工可多了，我那会儿小，日本（人）来了都给你抓去。

还打仗，俺这西北角抬头是钉子，打仗打得麦子都烧了，都着了。（扔）炮弹，（点）火，连麦子都烧了。到后来八路军和鬼子打完了，八路军给弄的萝卜，分萝卜，共产党确实就是好呀，就按这会儿来说，你老了有低保有五保，旧社会你说你老了谁管你。

苏家营二村

采访时间：2009 年 8 月 30 日

采访地点：巨鹿县苏家营乡苏家营二村

采 访 人：陈绪行　杜　凯　潘多丽

被采访人：宋圣宝（男　76 岁　属狗）

宋圣宝

我叫宋圣宝，今年 76 岁，属狗，上过几年学。

民国 32 年旱，七月初七才下雨，没种上麦子，民国 31 年旱到民国 32 年，下了以后种的麦子。民国 33 年生的蚂蚱，逮了一布袋，有蚂蚱饿不死，民国 32 年旱得什么虫子也不长。

饥吃很厉害，老百姓没粮食吃，吃野菜、榆树叶子，饿死的人很多，有逃吃的就逃了，不逃就饿死了，80% 都逃走了，我父亲逃到太原了，一个小兄弟也饿死了，我家原来的六口人就剩我、父亲、姐姐，别的都饿死了。

民国 32 年霍乱很厉害，症状就是上吐下泻，转筋很厉害，死得很快，上面一哕下面一泻就死了，村里死的人很多，五六月没下雨，饿的，下雨的时候霍乱就没了。那时候谁给谁治啊？治不起！得霍乱的一个都没有好的，都死了，一会儿抬一个，一会儿抬一个，抬不及。

日本人还来，跟你要粮食，不给就搂，抢粮食，皇协军下来，日本人招的皇协军，皇协军就是日伪军。白天日本人修道路，晚上共产党毁道，日本人挖沟，挖出水来，挡住了过不去，盖的炮楼，那个时候日本人在咱村扔炮弹，可吓人了。那个谁家，日本人就在他家里扔过炮弹，在院子里砸了一个大坑。有抓去外地干活的，去关东挖煤，抓劳工挖煤，去石家庄的有，关外的也有，没死的有跑出来的，去日本的没有。

采访时间：2009 年 8 月 30 日
采访地点：巨鹿县苏家营乡苏家营二村
采 访 人：陈绪行　杜　凯　潘多丽
被采访人：张更全（男　80 岁　属马）

张更全

我叫张更全，今年 80 岁，属马的，那会儿上过学，时间不长，我是党员。

民国 32 年时很旱，从春天就旱，到立秋才下的雨，立秋以后就下透了，种的晚庄稼，下了四五天，没那么紧，没淹。春天不能种庄稼，种了也不长，秋天种的荞麦、萝卜，俩月就能收。那一年没蚂蚱。

粮食不够吃，皇家军也抢粮食，饿死的不少，也有逃吃的，到外边走了。见天都有死的，这个村大，逃吃都逃到关外去了，咱家没去，有的举家都走了，第二年都回来了。

有得病的，传染病，从春天里就得，天又不下雨，上啰下泻，别的症状不多，抽筋的很少，下雨之前多，干燥的时候多。咱家也有得的，我家老爷爷老奶奶得了，没钱治病，都去世了。得霍乱的百分之八九十都死了，大部分都是老人，病了，死了，就埋了，拿个席子一卷。霍乱，这个病那时候也没人说这是传染病。

民国 32 年皇协军、日本人都在，要粮食，要人给干活、挖沟，叫代表要粮食，代表是村长派的，要不来，皇协军就来家里翻。那些给抓了（当）劳工的不知到哪里去了，人不多，有个姜大贵，抓到日本去了，早死了，就他自己（被）抓到日本去了。

苏家营三村

采访时间：2009 年 8 月 30 日
采访地点：巨鹿县苏家营乡苏家营三村
采访人：陈绪行　杜　凯　潘多丽
被采访人：张群信（男　83 岁　属兔）

我叫张群信，今年 83 岁，属兔的，上过初小，不是党员。

民国 32 年大旱，从 1942 年到 1943 年一直旱，阴历七月才下了雨，有收庄稼的，种荞麦的有收的，下的雨不小。

阴历四月蚂蚱来过，来了就把地里的庄稼吃没了，谷子高粱都吃光了，那时候连饥带饿的人都病死了，饿死的人多，每天都死两三个，直接在院子里就埋了，卖儿卖女的都有。去东北三省、赵县逃吃的都有，村里没有什么人了，都锁门闭户。那时候皇协军、日本人、国民党都来要吃的，逃吃的到好的年头才都回来了。皇协军三天两头地来，有吃的就给拿走了，那时候国民党归了日本，八路军藏在地下，皇协军白天来。

那时候得病的多了，霍乱得病快，说死就死，头晕眼黑，上吐下泻，那时候医生都有病，我也得过病，没有抽筋。这里有一两个土医生，咱们也没钱治病，有治好的，少。霍乱就是饿的。我是下雨前得的病，都那时候得的病，下雨之后得病的人很少。我是怎么好的？看医生，喝过草药，喝的不知道啥药，没扎过针，还有人得病，不记得有谁。

苏家营一村

采访时间：2009 年 8 月 30 日

采访地点：巨鹿县苏家营乡苏家营一村

采 访 人：陈绪行　杜　凯　潘多丽

被采访人：陈茂仁（男　79 岁　属羊）

我叫陈茂仁，今年 79 岁，属羊，七岁上学，上过三四年，是共产党员，国家退休干部。

民国 32 年一个春天没下雨，农历七月初七才下的雨，地里没收成，天热，连下了好几天的雨，哩哩啦啦下了一个月，绿豆收了，种的麦子、谷子都没长粒。人就吃菜叶，没粮食，粮食都让日本人拉走了。

那时候全村有 2000 多人，只剩 1000 多人。这是巨鹿县五大村之一，一共有 543 户，原来的两千七八百口人，死了三分之一，逃了三分之一，家里有三分之一。1953 年我当乡长后统计过一次，逃到哪里去的都有。一天饿死有 20 多个人，后来抬也没地方抬了，没人管，再死了人也没人抬，随便就用褥席一卷。我们家就剩我一个人了，母亲、弟弟都逃吃走了，就剩我自己。那时候一斤 16 两吃五六天，把两间房拆了卖了，吃榆树叶，一天吃二两。到 1945 年日本投降，逃吃的就回来了。

采访时间：2009 年 8 月 30 日

采访地点：巨鹿县苏家营乡苏家营一村

采 访 人：陈绪行　杜　凯　潘多丽

被采访人：司存英（男　85 岁　属牛）

司存英

我叫司存英，今年 85 岁，属牛，上过学。

民国 32 年旱，不下雨，从民国 31 年秋后开始没下雨，没种上麦子，民国 32 年秋后七月初六下雨，下雨下得很大，收的菜，萝卜、荞麦、小菜，下几天拿不准，下得透了，种的晚庄稼。蚂蚱多得很，吃蚂蚱，还没下雨蚂蚱就过来了，树叶都吃光了，下了雨就没蚂蚱了。下了大雨没有洪水。

饿死的人多，记得两个女的一个男的在庙里饿死了，饿死的可多了。还有土匪，老百姓日子苦，没有政府。逃吃逃的也多，逃吃逃到藁城、栾城、赵州，在外面吃饱饭活着就不错了，1944 年女的都回来了，等到逃回来就下透了，下了一天多，那时候就没蚂蚱了。

饿得人跑肚，是一号病传染，1945 年就有政府了，传染病过了 1943 年就没了。霍乱，一号病，就是上哕下泻，加上抽筋，那时候没药，有药也买不起，扎针喷血，喷完血就好了。从夏天六月开始就很厉害，下过雨之后就少了。

这个村原来有 543 户人家，最多一天抬过 24 个人，逃吃的人多，都逃吃在外了。那时候困难得很，动不动敌人来了，日本人和伪军来翻粮食，被子拆了就卖钱。日伪军可厉害了，日本人一般不下来。

日本人还是下来，他们不怕传染，他们有医生，下来还扫荡，经常戴口罩。老百姓整天给日本人干活，干不好就挨打，要在炮楼周围挖沟，小孩烧水给他们洗澡。劳工一般抓到外面去，这边有一个抓到日本去了，回来就死了，赔偿不赔偿的就不好弄了。1945 年日本投降，日本人就回日本了。

苏石鹿村

采访时间： 2009 年 8 月 30 日
采访地点： 巨鹿县苏家营乡苏石鹿村
采访人： 王 青 谢学说 姜玲玲
被采访人： 邢双锁（男 84 岁 属虎）

邢双锁

我叫双锁，姓邢，邢台的邢，84（岁）了，属虎的，没上过学，不是党员。

民国 32 年不记得了，饿死了不少，没吃的呀，十家里九家都不行，都吃糠。那年天气不赖，那年是七月里下的雨，七月初六还是初七，耩地没法耩，下雨下的，雨下得不小，下了有一天，能耩的地耩了，能下得锄的都收了，收成还不赖，可种的不多，没种，人都走了，没人了，剩老的小的，种不动。1963 年发了洪水，民国 32 年没发洪水。

那年日本人也要，皇协军也要，饿死的可不少。人都逃走了，逃吃去洛城，关外东北，哪都有。我出去了，在石景山待了两年，就在石家庄北面，日本人在的时候逃走的，那时候我能有十二三岁。

就这样连饿带病的还能活？也没钱看，那会儿也没医院，只能找土医生看。霍乱病也有，不多，就是在热的时候，冷的时候很少得病，都是连饿带病的，得病没劲，浑身哆嗦都不能动了。我是没见过得的，家里没人得霍乱。得霍乱的有治好的，咱不知道怎么治，有先生治。

日本人抓人去下煤窑，抓人要钱，有钱就能回来，有去日本的，这现在都没了，死了的没回来，活着的都回来了，回来的都没了。赵庄回来一个，叫什么我不知道，离这八里地，他在赵庄给抓走了，弄外国去了，这里有没有都不知道了。后来日本败了，民国 32 年给弄走的不少呀，他败了也得回去，他给咱多少人，咱给他多少人，交换。

外神仙村

采访时间： 2009 年 9 月 1 日

采访地点： 巨鹿县苏家营乡外神仙村

采 访 人： 陈绪行　杜　凯　潘多丽

被采访人： 张金焕（女　80 岁　属猴）

　　　　　　张玉顺（男　90 岁　属马）

　　　　　　张心海（男　76 岁　属狗）

　　我叫张金焕，今年 80 岁了，没上过学，也没入过党，母亲和叔叔都是党员。

　　民国 32 年就是大旱，我们这个地方是十年九淹，不淹就旱，没有好收成。民国 32 年的时候没雨，也没种上庄稼，当时没吃的就吃盐，从地皮上刮的，那庄稼苗子没根，就有一个旱根，一刮风就刮跑了，到三伏下了雨后种了一些荞麦，种了一些胡萝卜，当时雨下得大不大记不太清楚了。

左起：张金焕、张玉顺、张心海

当时饿死的人有，逃吃的也有，大都逃到藁城、栾城、黑龙江、唐山这些地方，大多向北边逃，去南边和东边的不多，西边的有向山西的。逃吃的有回来的，也有死在外面的，回来的民国 33 年就回来了。

那时候天天死人，天天往外抬，是不是那年我就不太清楚了。有种病叫霍乱抽筋，是一种传染病，得病的不少，躺在那就死了，死的人可多了。那时候医学不发达，人容易肚子痛，上哕下泻，民国 32 年春天的时候就有霍乱了，死了很多人，一天能抬好几个呢，霍乱能传染。

左石鹿村

采访时间：2009 年 8 月 30 日
采访地点：巨鹿县苏家营乡左石鹿村
采访人：王　青　谢学说　姜玲玲
被采访人：郭永保（男　81 岁　属蛇）

郭永保

我叫郭永保，今年 81（岁），属蛇的，那时上过学，上的不多，小学没毕业，那时候，都是和日本战争闹得搅和了，没上几年学。不是党员。我当过兵，在后方卫生处，现在没我的号，没我的名，村里没给我报，我也没找。我那时候，是村里的刘楚雨，他是个老党员，给介绍的，灾吃年以后去当的兵。1943 年，日本快败了，那时候我就在卫生处，是当照护员，伺候病号，我没文化，待不到两年又回来了。

灾吃年死的人可多了，光我家饿死了四口，没吃没喝，又不收，日本还要，不给谷子还天天要。天旱到七月初六才下的雨，下雨庄稼地又锄不过来了，种得迟了，种了又没收。七月初六下透了，不记得下了几天，也没淹，就是下透了，别的不记得了，下完雨后没发大水，那年没发大水。

人都没吃的，有吃的还能饿死么？都逃吃了，上南宫、藁城，我也出去逃吃了，铁道边那条河，不知叫什么河，我在那待过，我在外逃吃，待了一年多，后来就回来了。

民国 32 年村里基本没人啦，死的死，亡的亡，还有出去的，在村里饿死的也不少。也有得病死的，拉肚子，不知道是什么病，都是夏天得的，都没吃的，都给饿死了。没吃的日本人还要，要粮食。不知道有没有治好的，那时候都看不起病，都穷，看不起。

不记得什么时候了，政府征兵，给日本人干活去，有不少人。俺这村没有被抓劳工的，就有一个义夫，反正没回来。

蚂蚱有，逮蚂蚱吃了，一逮就一布袋，反正不知是民国 32 年还是往后，反正是逮蚂蚱吃了。逮蚂蚱回家加点水，加点盐，炒炒吃。

采访时间： 2009 年 8 月 30 日
采访地点： 巨鹿县苏家营乡左石鹿村
采 访 人： 王　青　谢学说　姜玲玲
被采访人： 苏振山（男　78 岁　属猴）

苏振山

我叫苏振山，78 岁了，属猴的，没有上学，不是党员，民国 32 年我 12（岁）了。

民国 32 年是大灾吃年，之前一直没下雨，干旱，从春天，一过年就没下雨，那时候没井，不能浇，就指望老天爷了。那年没收成，到七月才下的雨，下的透雨，下雨了，能收点，收了点黍。那年也生了蚂蚱，蚂蚱可多了。

这里饿死的不少，俺村里饿死的有一半还多呢，以前有一百来口人，民国 32 年后就剩九十几了，都饿死了。村里没人了，走不动了，都饿得，老年人都不行了。我逃吃走了，逃吃逃到了永清县，在北京南。我是民国

32 年三四月走的，跟我父亲、母亲还有一个妹妹一起走的，家里还有个爷爷、老爷爷、老奶奶，还有三口人。还有的人去了河北的赵县、藁城，我是第二年秋后回来的，听说的下雨。那年没有洪水，这里是 1963 年发的洪水。

民国 32 年，霍乱病，那会儿可多了，发疟子。我那时候还小，不记得什么样了，那病不少，见过得霍乱的，我家里没得的。民国 32 年还都是饿死的多。那会儿医疗也不咋样，上哕下泻就是霍乱。那会儿我十来岁，逃吃走的时候，在民国 32 年以前，就闹霍乱了，民国 32 年以后也闹，不知道什么季节得病，治好的好少，那会儿医疗不发达，不知道怎么治。

这里是日本的一个点，没有抓劳工，就在这干活，在村东头挖了个沟，我去给日本人干过活。那年本来就没收，日本人又三天两头地来，上村里收那个物，把母鸡也给逮走了，成天来，就干坏事。日本人他就是日本的，皇协军，就是咱中国的。

王虎寨乡

大寨村

采访时间： 2009 年 9 月 2 日

采访地点： 巨鹿县王虎寨乡大寨村

采 访 人： 白丽珍　张鹏程　陈颖颖

被采访人： 吴凤晨（男　78 岁　属猴）

吴凤晨

　　我叫吴凤晨，今年 78（岁）了，属猴的，我生日是二月初三，没有上过学，那时正灾吃，穷，上不起学，是党员。在村里也干过干部，是支保主任。

　　民国 32 年家里有我和俩兄弟，一个妹妹上山西走了，回来就死了，我们是头麦里去的，也没什么吃的，逃到山西丁罗县山家村（音）待了半年，过了麦就回来了，过了麦，就是麦子就收了。

　　那一年，地里啥也没有，吃得乱七八糟的，吃的青菜、草籽儿。有逃吃的，老多了，不记得啥时候逃的，都逃到山西了，有往这儿的，有往那儿的。该没有饿死的？有的人就死在外面了，饿死了，死到家里的也有，很少。不记得得病的，也有吧，也挡不住有，老的小的，抵抗力都小。

　　那时候净那事儿多了，闹日本的事，我见过日本人，他刚来的时候，咱中国人老实得不行，中国人参加了皇协军，中国人治中国人，日本人一来拿老大糖葫芦。俺这儿有好几个炮楼、岗楼，俺村里有，吕家寨、北定有。没有见过日本人的飞机。

有过土匪，头目记不清楚。

蚂蚱那时候记不清了，民国33年什么月份有蚂蚱的？就是头庄稼起来之后，闹的蚂蚱。

采访时间：2009年9月2日

采访地点：巨鹿县王虎寨乡大寨村

采 访 人：白丽珍　陈颖颖　张鹏程

被采访人：袁秀森（男　91岁　属羊）

袁秀森

我叫袁秀森，91（岁）了，属羊的，1919年，民国八年生的，提起上学，我读了三四年的书，念了两三天就换成中华民国的书了。是党员，1938年当的，以前当干部，当干部土改，土改就是我弄的。那时候我家里有五六口人，父亲，弟兄仨，一个嫂子，民国31年我哥死了个孩，民国33年我死了个孩。

民国32年我在本村，一连三年都是大贱年，第二年一个大旱年，第三年有的蚂蚱，一连三年贱。人吃蚂蚱，民国33年吃蚂蚱，民国32年吃草籽。

民国32年是到七月下的雨，七月初六，农历，雨下得不大，能种菜不能种庄稼，发生了饥吃，人们往山西，往外地逃吃，死的很多。我这一村儿那时候一年死了30多口，一天有死两口的，吃个红萝卜都吃不下去。

那时候病死的很少，闹霍乱死的人可多了，那时候小，我不记得了，是在民国 32 年之前。不说霍乱病说食病，生疮，死的人多了，那时候我都不知道，光听说死了。

那时候有日本人，我成天跟日本人在一块儿，日本人都在城里。这里有炮楼，民国 32 年就有了，岗楼在我那个地头，吊桥、北定村这是一个点儿，这村儿盖了个点儿。俺村里着火死了三口，日本人点的火，打仗人死得多的嘞。飞机在这儿可多了，头一回，那飞机从这儿来，没有扔过东西，日本扔炸弹是在西边，日本人在这净穿军装。

抓过劳工，都上日本走了，龙庆有一个风老本，是山南的，给抓走了，也有回来的，叫郝文景，路寨的锁子放回来了，那是放回来的，叫赵张锁，死在日本的也有，那我不知道。北定抓走的也多了，咱村里没有，不记得有多少人，杨寨的张二会，这个我知道，北定这儿谁我忘了，有个十个二十个人的，有的人在那儿去了还没做啥就回来了。

那时候土匪都盖地儿来了，他们有 17 匹马，八路军把他们收了。土匪的头目都死了。俺这儿没有，路寨有，叫邱庆福。

董坚台

采访时间：2009 年 9 月 3 日
采访地点：巨鹿县王虎寨乡董坚台
采访人：孙维帅　矫志欢　李晨阳
被采访人：景心志（男　80 岁　属马）

景心志

我叫景心志，80 岁，属马的，上过三四年学，不是党员。

那会儿从民国 31 年下半年就开始旱，民国 32 年整年没收东西，开始不下雨，八月二十八老天阴了天，天不晴，哩哩啦啦下了 18 天，咱没啥吃，后来又得了霍乱，死得可多了，才可怜了。

民国 32 年开春就没粮食吃了，到种麦子的时候连麦种都没有，有的种上了，没有的都没种，想种都种不上。都往山西逃了，民国 32 年下半年开始走的，上山西，都逃走了，没 100 口，也能走三分之一，反正走的不少，地头多一点的没走，少的都走了，那时候一亩地只收一斗粮食，一家人吃两天就没了。

下雨以后开始有了霍乱，人哕、泻、烧，一脱水一会儿就死了，死的很多，有外逃的。好了的人怎么治的不记得了，有时打针扎针，那时候医生也少，也没人找医生，得了病就等着死了。那时喝的是苦水，从地上挖个坑，水苦，一天两顿饭，那还能喝热的啊？地里不收啥，连个柴火都没有。不清楚传不传染。下雨后没发大水。

俺家情况比较好的，能吃年糕，吐的那核，人家就把那核吃了，就饿到那程度，就吃那小枣核，还有饿的吃胶泥的，可可怜了。俺村三口里就能死一口，有死的，有逃的，快没人口了。穷人一年交一年，一般户都没粮食，好年头都掺一半糠，有一年不收就没的吃了。

蚂蚱可多了，民国 32 年以后生了好几回了，是在过了麦之后，那会儿那蚂蚱厉害，那时候俺家是中农户，过了麦，往地里拉粪，拉一趟，车上就沾了一层蚂蚱。小蚂蚱还没长成的时候，挖个沟，往里赶，就那么多，那会儿都一齐往北爬，还没翅膀，遇到墙也是往墙上爬，也不拐弯。遇到河，它们滚成个蛋过河，长了翅膀就飞走了，要往哪飞就往哪飞，蚂蚱一过就绝收了，庄稼都吃光了。大概有过了一个月，从这往东南飞，看不见太阳。长翅膀后就老了，自己就死了。

民国 32 年是日本正疯狂的时候，得霍乱的时候，（日本人）也来了。那时他们不穿白褂，穿绿衣服，倒不太干什么坏事，逮鸡，别的也不拿，皇协军抢粮食，他有家眷。日本人不太爱财，就是有点吃的都给拿了，皇协军什么都拿，他是中国人当别人的兵。日本人对小孩不赖，给过我吃的东西，给的饼干，那会儿我不知道是饼干，吃了也没什么事。日本人抓人当劳工，去挖煤，杨寨有抓走的，听说都死了，我记得杨寨的白玉章，后来回来了，是日本投降以后给放回来了。

那年日本人把俺爹跟别人捆一块儿，捆到屯头了，在那审问，往家里要钱，一个人要 100 块钱，不给 100 块钱就杀死人，皇协军都绑票，俺拿了 60 块，还少点，不知俺大爷拿了多少，那会儿几十块就能买一头牛，拿 100，谁受得了啊？俺村还没当皇协军的，都是别的地的。

有日本飞机，很少，不多，也没扔什么东西。

后路寨村

采访时间： 2009 年 9 月 2 日

采访地点： 巨鹿县王虎寨乡后路寨村

采 访 人： 白丽珍　陈颖颖　张鹏程

被采访人： 赵增彦（男　89 岁　属鸡）

赵增彦

我叫赵二现，大名赵增彦，89 岁，属鸡的，没有上过学，是党员，当过支书，到 74（岁）才退的，我是建国以来的党员。那时候家里人多了，有四个闺女、四个小子，大灾吃那年，我儿子的奶奶不在，爷爷在，还有四个姐姐，我一个哥哥早早就死了。

民国 32 年我在本村，民国 28 年就开始旱了，一共四年，不能收庄稼，没井也不能浇，大部分都逃到山西去了，我逃到山西了，腊月初六七走的，第二年麦田里收了才回来的。这个村一半多都逃走了，村里剩下的不到 100 口，起先有四五百口，大部分都逃到山西，山西静乐县。民国 32 年是很久没下雨了，进七月下的雨，都没收，下得大，能耩庄稼了。

民国 32 年吧，饿死的人多，病死的还是少，大部分都是霍乱病，五六月（得的）。民国 32 年死了不少人，现在都在东边那里，有坟墓。得霍乱就是肚子疼，哕，跑稀，那时候也说不清楚传染不传染，有医生没钱，都是别村的医生，也有治好的，谁得病死的现在闹不清了。那时候也不知道是不是霍乱，我妈那年死了，连病带饿，也说不清楚什么病，她长了疮。民国32年没有发过洪水。

有蚂蚱，该不多了？就是四五月份的时候，哪一年都有。

日本人在这儿打了三回仗，来了光找八路军、共产党。抓劳工就抓走了一个，还是从石家庄抓的，去了要挖河、修路。那时候咱这儿没有炮楼，西边一里地就有叫大寨的，炮楼多了，北定村有炮楼，北边的袁坚台也有。日本人给孩子们发糖，我见过飞机，没有扔东西。

后塔寺口

采访时间：2009 年 9 月 2 日
采访地点：巨鹿县王虎寨后塔寺口
采访人：赵曼曼　郑文娟　常　乐
被采访人：李奎增（男　77 岁　属鸡）

李奎增

我叫李奎增，77 岁，属鸡的，民国 32 年我才 12（岁）。

民国 32 年是灾吃年，地旱，都没有收成，七月初几才下了雨，雨大，下了雨之后，种了荞麦，撒了点蔓菁。

民国 31 年我奶奶死了，民国 32 年我母亲死了，我弟弟那年得了病，没人看，得了霍乱，上哕下泻，哕，泻！那年死的人最多，民国 32 年，一天里头都死了三四个，村里死了有近百人，那死的可多了，那一段时间里跟我母亲一块儿死的有四五个。那会儿没医生，看不及，我妈是八月十一后死的，下雨之后。霍乱该不传染啊？上哕下泻，传染。民国 33 年就没了，有一年多时间。

那时候日本还没走呢！我小，才十一二（岁），日本人给小孩糖吃，说"米西米西"，逗小孩，吃了糖没事，别的不知道。叫小孩撵鸡，小孩不撵，光赶，撵的都吃了。

民国32年没有闹洪水，有逃吃的，走的多了，记不得有多少，哪有吃的就逃哪！有给日本干活的，自己走的也是为了弄吃的。

蚂蚱还后，可多了，家里飞的都多了，我还去地里撵蚂蚱去了。

采访时间： 2009年9月2日
采访地点： 巨鹿县王虎寨前塔寺口
采访人： 赵曼曼　郑文娟　常　乐
被采访人： 李小民（女　76岁　属狗）

我叫李小民，娘家是后塔寺口的。

灾吃年，多少年了不记得了，那时候成天在地里薅菜，我是19岁嫁过来，灾吃年在家了，民国32年吃野菜、草籽、树叶，什么都吃过。逃吃的人多了，走了多少不记得了，有回来的，有不回来的，逃家不记得了，我家没逃的，我一直在家。

霍乱有，光烧，发热，光颤颤，没有上吐下泻。死的人多了，霍乱死了一大些，也许就是霍乱，那时有医生，穷的看不起。

有蚂蚱，不是那一年，晚，哪年不记了，不是灾吃年。

那时候日本人在村里，没人管，想干什么干什么。

南原庄

采访时间： 2009 年 9 月 3 日

采访地点： 巨鹿县王虎寨乡南原庄

采 访 人： 白丽珍　陈颖颖　张鹏程

被采访人： 郭庆辰（男　83 岁　属兔）

郭庆辰

　　我叫郭庆辰，83（岁）了，属兔，三月初十生日。民国 32 年日本人在这儿，那时候没有学校。不是党员，十五六（岁）不让入党。

　　民国 32 年家里有俩老人，有四五个哥哥，两个妹妹，先在家没东西吃，我上了山西，十月走的，过年五月回来的，出去了七八个月。那时候逃吃的多得很，村里基本上没啥人了，那时候村里有六七百人，都不定上哪去，都是各奔其主，剩下了不过三百来人，一半还多。

　　那几年一共三年旱灾，不是一年里，日本人把粮食抢走了，庄稼没收，种不上地，地里没啥种，长的草，吃草籽。到八九月下了点儿才种了点儿，从六月十三到七月十几下了点儿雨，下得不大，没下几天。那时候不能浇地，没井，河里没水，在西边，河离这儿远。

　　民国 32 年饿死的人多了，也得有百儿八十个，有了病也是死，没医生。人得浮肿，有病死的，饿死的，都是浮肿。霍乱有，扎腿，没医生，瘦得走都走不动，一会儿就活不了了，有扎针扎好的。因为没有医生，得病死的不能说很多，也有，就是在热的时候，夏天的时候，一会儿就没了，这会儿都还不记得了。

　　蚂蚱也闹过，发生过，秋天把高粱谷子吃没了，这个晚，说不了，灾吃年过去了，晚多了，晚了五年多。

该不见日本人了？抓过人，也有抓劳工的，有抓到上日本国的，去了两个，最后回来了一个，庆江。去其他地方的也有，天津，去填煤矿，还有去关外的。

这边有炮楼，北边袁坚台，西北角，往东一个佛寨，东边佛寨钉子里住的人多，伍村的炮楼住了十来人，北定也有一个（炮楼）。

土匪，这个不好说，都是黑家，头目一个叫邱庆福，一个叫邱张海。

采访时间：2009 年 9 月 3 日
采访地点：巨鹿县王虎寨镇南原庄
采 访 人：董艺宁　杨　萍　张云鹏
被采访人：郭庭武（男　85 岁　属牛）

俺叫郭庭武，85 岁了，属牛的，上过两个月的学，现在都忘了。民国 32 年我出去逃吃了，十月里逃吃的，十一月逃到了山东。

灾吃年就是吃乱，人不能做事，那兵多得不行，还闹土匪，后来日本又过来，八路军是民军，军队多得不行，都来要吃的。

民国 32 年天气不好，这个村那年是先旱后淹，从四五月里，浇点种上了，种了五亩地，过了一季，到五六月了，旱得不结穗，旱到六月十五六下雨了，下大雨，都淹了，下了一二十天，人家的高地还收点。人没啥吃，都逃吃了，逃到山西，下太原，逃出去的都留住命了，逃不出来的在家里差不多饿死了。就在民国 32 年八九月份逃的吃，1000 多口子人，只剩下老人，后来剩了七八百人。留在村里的人把梁上的木头当柴劈了卖了，都没啥吃，换点吃的。地里就收了一斤高粱，担回来，到后边就是炒草籽。

饿死人多了，有腿有脚的都出去了，老人都饿死了。那时候得浮肿病。那时候得病的多了，民国 32 年以后不光是霍乱，忘几月了，在下雨以前，得病的不是很多，那时候我还年轻，十五六（岁），后来十八九

（岁）了，也能做啥了。那时候啥病都有，没有传染病。那时候都是直接喝井水，得病的挺多的，灾多了，有医生也不顶事，不是扎针就是吃汤药，没有西药。扎针的也有，霍乱扎针不中，扎不好，也不知道扎针扎哪，没听说治好的。

民国32年以后，是民国33年过秋时，蚂蚱飞满天，人就挖个沟，一轰就是一沟，刚开始不能飞，后来能飞了，把啥都吃了。蚂蚱有头，跟官似地，领着，过秋的时候，打东边飞过来，过河，一个蛋一个蛋的，说往哪飞就往哪儿飞，往西北飞，把苇叶都吃光了，在村子里有十来天。

当时日本人领着村里人打蚂蚱，都在城里住着，袁坚台那儿有炮楼，住着皇协军。日本人不抢东西，皇协军抢东西，往自己家送。日本人净找老百姓做工，跟一个村子要不少人。

在民国32年有抓到日本国的，叫宋庆江，已经不在了，日本后来失败了，又回来的。民国31年抓得多了，有半路回来的，有死的，田连顺、李希照，他俩抓走之后没回家，没消息了，田丰雨回来了。日本投降以后，有背回骨灰来的，叫宋增林，别的没多少，抓了有十来个，有回来的。

采访时间：2009年9月3日
采访地点：巨鹿县王虎寨镇南原庄
采访人：董艺宁 杨 萍 张云鹏
被采访人：李文山（男 66岁 属羊）
        李志英（女 77岁 属鸡）

李文山：我是1943年出生，中学毕业，巨鹿县一中退休的。
李志英：我77（岁）了，属鸡的。
以下为两人共同叙述：
民国31年大旱，旱得地里够呛，先旱后淹，快八月十五了，下了半个月多，下得房子都漏了，村子里没水，周围都是大水坑，西边河没有开口子。

民国 32 年逃吃的太多了，一半以上都逃吃了，俺爹的三个兄弟逃到口外了没有回来，饿死的太多了，粗略估计，有三分之一，具体来说，说不清楚。颗粒无收，老百姓都逃吃了，就在六七月、七八月，下雨以后。

李文山（右）、李志英

下雨以后闹了霍乱，那时候得病之后也没地求医，那会儿都说是霍乱，上吐下泻，有的趴洼里喝口水就没事了，都喝生水。得霍乱的有，那时候小，得病快，饥饿，抵抗能力弱，哪有医生，就当没有，掏钱的话，老百姓哪有钱？

那会儿有日本人，在县城里边，县里边日本人多，皇协军经常来抢东西，抓夫，有好几个抓到日本当劳工了，好几个没回来，有二三十个，有的到了日本投降的时候回来了，有的不知道死在半道上还是死在日本了。宋庆江回来了，田连顺死家里了，他小名是大石头。那时候我 10 岁了，不敢出来，一听日本来了就躲了。

逃吃一般就是民国 34 年、35 年，逃到口外，包头以北、山西北、五台山地区、朔县。灾吃年过去以后，地里收了一点。那时候农民特别困难，1942 年到 1943 年，1944 年也不行，这三年都不行，老百姓真受罪了。

蝗灾不是民国 34 年就是民国 35 年，严重得厉害，街里随便踩一脚就能踩死几十个，从外边过来的，时间不是很长，地里庄稼都光了，阴历九月份就没了，到八月份差不多了。

采访时间： 2009 年 9 月 3 日

采访地点： 巨鹿县王虎寨镇南原庄

采 访 人： 董艺宁　杨　萍　张云鹏

被采访人： 刘姜翠（女　75 岁　属猪）

刘姜翠

　　我叫刘姜翠，75（岁）了，属猪的，那时候哪有上学的？民国 32 年我出去要过饭，在村里。

　　我逃过吃，逃到了高义，9 岁的时候去逃吃的，跟俺哥哥、俺娘，当年就回来了。有蚂蚱和民国 32 年不是一年，我就是经过旱，经过淹，经过蚂蚱滚成蛋。逃吃的人该不多了？

　　我那时候小，八九岁，饿死人多了，连饿带病。拉稀病，上吐下泻的人多了，死的人多了，先死的有人埋，后死的没人抬，村里一点动静也没了，饿的饿，死的死，哪有医生给他治，都是些土汉子、土娘们给扎针，该好的就好了，不该好的也就死了。

　　那会儿有日本人，经常来村里吃饭，抢东西，叫人给他干活。田治谭他爹，给抓去日本了，死了好几年了，后来回来了，死家（里）了，不知道在那待了几年回家的。

采访时间： 2009 年 9 月 3 日

采访地点： 巨鹿县王虎寨镇南原庄

采 访 人： 董艺宁　杨　萍　张云鹏

被采访人： 刘元君（男　78 岁　属猴）

　　我叫刘元君，78 岁了，属猴的，没上过学，没入党。

　　那时候啥也顾不得了，光顾吃也顾不得了，那年是先旱后淹，春天不下雨，过了麦，下了场雨，种了点儿晚庄稼，还没长，就淹了，淹是过了秋的时候，出村就要蹚水，这个村比较高，没有淹。靠近八月的时候下了场大雨，下了一个多月，有下的时候，有晴的时候，有下大的时候，有下小的时候，水都到大腿了，两边坑里都满了。阴历七月初下的雨，庄稼长到膝盖高，也没收粮食，割麦子哪还能割啊？都死了。

刘元君

出去逃吃的多了，村子里没啥人了，有下山西的，有上西口的，不记得啥时候逃的。我没逃，民国 34 年、35 年慢慢能收点了，人慢慢回来了，有吃的了，能收粮食了。饿死的人多了，一天死能 200 多个，死得街上没啥人了，逃的逃，走的走，走不了的，饿得不行了，得病就死了。

那会儿有湿病，霍乱，吐、泻、发烧，是快病，一会儿就不中了，待不了几天。那会儿没法治，扎针，有扎腿的，出血。俺家里那年死了两个人，俺娘、俺哥哥得霍乱死的，下雨的时候得霍乱，找医生治了，吃药不中。村里成天死人，那会儿谁知道死多少，反正不少，谁知道传染不传染，不知道往哪躲，用门板抬到地里就埋了。

民国 32 年没有蚂蚱，蚂蚱还早，都往北，从南边过来的，村北的苇子上都落了一串蚂蚱，谷子、高粱都咬光了，待了十多天，越打越多。

日本人把中国人弄毁了，来的不多，咱村离城里远，都穿黄绿色军装。我们经常给他干活。日本来村里给发糖，都敢吃。有抓到日本去的，俺村有两个，他们是共产党，一个叫宋庆江回来了，一个宋增林死那了，庆江把骨灰带回来了，回来时已经解放了。庆江现在也不在了。

采访时间： 2009 年 9 月 3 日

采访地点： 巨鹿县王虎寨乡南原庄村

采 访 人： 白丽珍　陈颖颖　张鹏程

被采访人： 刘原森（男　86 岁　属鼠）

刘原森

　　我叫刘原森，86（岁）了，属鼠的，上过两天学，不是党员。

　　民国 32 年我家里有爸爸、妈妈、哥哥，灾吃年死了哥哥和妈妈，那会儿连饿带得病，得霍乱，死得愣多，都得的霍乱，就是哕、泻，其他的症状不清楚。那会儿我在巨鹿城里，（有）一个人得了霍乱，80 岁，都迷糊了，医生给扎针，不知道扎哪里了，没见过给其他人扎针。那时候死的人多了，不知道多少，有逃吃走的，有死在外面的。这个病传染，那会儿有扎针的先生说是霍乱，医生说会传染，另一个医生，叫谢老和，说能传染。就是下雨以后闹的霍乱，地里没有收成，饿了就闹霍乱。

　　旱灾记不清了，那会儿咱这儿没有井，一亩地收 100 斤也是好的，吃草籽。民国 32 年该不下雨啊？三天两头淹，七月里下的雨，雨下得不小，八月里淹了，小绿豆刚发芽，就淹了。饿死的人多了，就是民国 32 年，饿得人都不能动了。逃吃的多，你逃到包头，他逃到山西，我没有，一个村儿就剩了八个人，八个人种地，谁回来谁管，不回来我就管。

　　那时候还发生了蝗灾，哪一年忘了，是在以后，危害程度大了，过房，顺着墙，蚂蚱厉害时，什么也不能收。

　　我见过日本人，来这儿"扫荡"，找八路军，抓的倒不多，光知道走了有四五个，在日本死了一个，去了的四个都回来了，庆江、凤雨，而宋增林死在日本国了。去那干啥，就是装卸活，那一回抓走了他俩，有跑回来的，北头一个小波，一个凤雨，回来了个庆江，增林死在日本国，其他地方没听说。

日本人来村里发东西，来了见四五岁小孩，发糖块儿，不给我发，我那会儿十七八（岁）了，正是他害怕的时候。飞机飞该不见过？没见过扔东西，没见过穿白大褂的。炮楼，这个村没有，四里地的袁坚台有，午时村八里地也有炮楼。

宋存书

采访时间： 2009 年 9 月 3 日

采访地点： 巨鹿县王虎寨镇南原庄

采 访 人： 董艺宁　杨　萍　张云鹏

被采访人： 宋存书（女　82 岁　属龙）

我叫宋存书，82 岁了，属大龙的，没上过学，那会儿干活紧张，哪能上学啊？老杂来的时候我 9 岁。

民国 32 年是大贱年，俺家都走了，就剩俺俩，那时候我已经 15（岁）了，光炒草籽吃，俺公公、哥哥都逃到山西了，那时候死在外面的多了，家里光剩下老的小的，俺俩看门。

那年是大旱大淹，多少时候不种庄稼不记得了，老长时间没下雨，记不清了，那一年春天没下雨，秋天淹了，外面的水大了，房子里街里都是水，都阴灌了，院子里都有了，地里都淹了，记不得多长时间了。没淹村子。

有蚂蚱记不清啥时候了，我十五六（岁）的时候，房子上面有，就在八九月整谷子的时候，闹了很长时间，蚂蚱闹不清从哪儿来的，鸡都不吃那蚂蚱。

那年饿死的人多了，饿死在外边的人多着了，有上吐下泻的病。

日本人来过咱村子，抓人给他干活，宋庆江给抓日本去了。

采访时间： 2009 年 9 月 3 日

采访地点： 巨鹿县王虎寨乡南原庄村

采 访 人： 白丽珍　陈颖颖　张鹏程

被采访人： 宋记堂（男　84 岁　属虎）

宋记堂

我叫宋记堂，84（岁）了，属虎的，十月初八生日。

民国 32 年时，我家里我哥哥当八路了，两个兄弟给了外边，卖了，家里剩我和父母，念了两册书，不能上学，乱。不是党员。没当过干部。

民国 32 年是大灾吃年，大部分人逃吃出去了，个别人没去，上口外、太原。我那年 18 岁逃到山西了，去的太原，冷的时候，下半年走的。那会儿旱灾，连着两年没收成，没啥吃，推磨，吃草籽。民国 32 年没下雨，前半年没下雨，后半年七月下了三指雨，那会儿，能耩上地也没有收，下的时间不长，那会儿下得不大，后边下得大了，下得大是八月的时候，把地淹了，没种上地没收成，种了点油菜，才有点儿收成，那年下霜也早，河那会儿没开口子。

人得病死了，身上没肉了。有得霍乱的，肚子疼，闹拉稀，也没有医生，得病死的多活的少，大概多少闹不清了。见过得的，肚子疼，上吐下泻。得病大概是在六七月份的时候，民国 32 年，下雨以前，传染，听老人说的叫霍乱。那时候一共有 500 多户，剩了 300 多户，逃吃年都往外走了。饿死的人多了，数不清，南面街剩了没几户了，有卖孩子的卖老婆的，没啥吃。

那会儿七八月份儿的时候，还晚，那记不清多会儿了，蝗虫把庄稼都吃光了，踩一脚咯吧咯吧的。

日本人见得多了，抢东西，打人，抓人也有，抓劳工，我父亲被抓走了，一下抓走了八个党员，抓到了辽宁煤矿上，都跑回来了，死那儿的多着呢。我父亲叫宋新喜，还有凤雨，姓田，田凤雨，有福井，田福井，宋小部，有老卢，姓李，上日本国的有宋庆江、宋增林，庆江回来了，那个死了。这些人现在都没了。

日本人发糖豆，日本人的飞机我见过，在城里扔了炸弹，没有其他东西。炮楼是坚台一个，佛寨一个，午时村（也有），其他村没有。

那时候还有土匪，来了也是抢东西，最近的叫邱庆福、邱张海。

采访时间：2009 年 9 月 3 日
采访地点：巨鹿县王虎寨乡南原庄村
采 访 人：白丽珍　陈颖颖　张鹏程
被采访人：张桂印（男　80 岁　属马）

张桂印

我叫张桂印，80（岁）了，属马的，也上过学，民国 32 年那时候正闹日本，日本来了，拿着书就跑了。我不是党员，是团员，团内组织委员，没当过干部。民国 32 年的时候家里还有父亲母亲，母亲饿死了，还有一个妹妹。

民国 31 年那不是旱灾，民国 32 年是，庄稼没得收。人吃树叶子，没面掺，都死了。八月里下的雨，下了几天，已经不能种啥了。这都是听说的。民国 32 年我跑到山西去了，走的时候蔓菁没收，就是六月半的时候都走了，我是民国 34 年回来的，日本都投降了。

那年闹饥吃，饿死的多了，人都卖儿卖女，两口子没啥吃，就出去逃活命。多少记不清了，饿死的有一半，反正多，不少，一天一晚上能死十来个。

得病死的也有，泻，是毒性痢疾，净这个病，饿了就心慌，肚子疼，跑两趟茅子，就死了。霍乱这个病，我没见过，那时候病死的人多了，那会儿也没医生，都是些老秀才，能给人号号脉，吃副汤药，看不好。刘老景、宋老乡，都是号脉医生。霍乱是下雨前有的病，以后也有，得霍乱病死的大石头，名叫王奎文，别的就不清楚了，都连泻带哕的。

民国 32 年没发过洪水，后边经常发洪水了，不是大洪水，已经有生产队了。

蝗灾（有）好几回，是在大贱年过去以后，蚂蚱过去高粱只剩秆儿了。

袁坚台、荏平县、巨鹿都有炮楼。日本人我见过，日本人见小孩儿没事儿，发糖吃，还有大米饭，剩的给小孩儿吃。平时不打败仗还好点儿，打了败仗就不好了。在这边抓过人，抓了好几个，都带日本国去了，解放以后回来了，宋庆江、田凤雨，我知道这两个，那几个死到日本国了，叫啥闹不清了。那时候有飞机，没见过往下扔东西。

这边的土匪，一个邱庆福，另一个叫邱张海，民国 32 年没土匪。

前路寨村

采访时间：2009 年 9 月 2 日
采访地点：巨鹿县王虎寨乡前路寨村
采访人：白丽珍　陈颖颖　张鹏程
被采访人：路梦华（男　76 岁　属狗）

路梦华

我叫路梦华，76（岁）了，属狗，上过学，我是过了灾吃年上的，不是党员，干过干部。民国 32 年的时候家里还有老人，有父母，有姐姐。

民国 32 年，那几年是三年旱灾，啥也不收。吃啥？吃树皮、草根，树皮都吃了。逃吃的很多，往山西的多，其他地方少。我没有出去，一直在咱村。饥吃是民国 32 年开始的，持续了四年。那时候不下雨，地里的水井都没水了。

饿死的有，俺这个村儿不太多，饿死的不多，咱村那时候有 500 多口，饿死的能有 30 多口。还有的得霍乱病，上哕下泻，得病的死的多，没有医生，治也不中，也没有给治好的。没有传染，听他们说叫霍乱，民国 33 年也有。病死的有三四十口，有四十来人。净老人，都谁不知道，我那时候小。

蚂蚱来过，还晚点儿，民国 34 年、35 年，可厉害了，没收成，都叫吃完了。

见过日本人，他们在巨鹿住着，西边大寨，东边的西坚台有炮楼，平时来扫荡，日本人见真八路就打死，不打老百姓。皇协军孬，抓人，抓人不多，抓劳工上东三省，都死在那里了，回来了一个。皇协军抓劳工，抓了五六个去了黑龙江，回来了一个，叫吴庆增，现在死了。日本人给小孩儿发糖，我吃过，吃了没事情。没见过穿白大褂的日本人。见过飞机，没扔东西。

土匪，俺村就有，头目叫邱庆福。

采访时间：2009 年 9 月 2 日
采访地点：巨鹿县王虎寨乡前路寨村
采 访 人：白丽珍　陈颖颖　张鹏程
被采访人：邱建仓（男　77 岁　属鸡）

邱建仓

我叫邱建仓，77（岁）了，属鸡的，生日十来月，高小毕业，六年级，念的是学校。不是党员，当过会计、队长、记工员。

民国 32 年家里有爹娘、弟弟，哥嫂都有，那年在家里。

民国 32 年、33 年旱灾没下雨，一年都没下雨，以后才下，几月份下的雨不知道。那时候一亩地打一袋麦子还是好的呢，有的一分地一点儿也不打。庄稼都叫虫子吃了，蚂蚱咬得溜光。人都吃糠，吃野菜。民国 32 年隔两年以后好了点。淹了是 1963 年以后。

俺家里没有出去的，别人家有逃吃的，也不清楚多会儿，有去山西的，回来了，什么时候回来那不知道，饿死的有，死的多着呢，该不有啊？得病我那时候小，也说不清，不了解。

那时候见过日本人，来了之后天天开会，（日本人）到俺村里去过。岗楼是日本（人）的钉子，西边有炮楼，日本人来了给糖，没有给我。那时候有飞机，不多。

大寨西南角有一个炮楼，袁坚台有一个炮楼。日本那时候来了之后把树都锯了，拿走了，房子拆了，照了面就打，一个劲儿地揍。土匪我说不清，那时候小，他们把那一块地都给掘了，黑家（晚上）都掘了，那还不就是土匪干的？

前塔寺口村

采访时间：2009 年 9 月 2 日

采访地点：巨鹿县王虎寨前塔寺口村

采 访 人：赵曼曼　郑文娟　常　乐

被采访人：李福路（男　88 岁　属狗）

李福路

我叫李福路，88 岁，属狗，上过几天学。

民国 32 年那年大旱，从春天到六月没有下雨，有一点也是湿个地皮，往后下雨了，七月份才开始下，下多少天不好说，下的雨不大。发洪水是 1963 年，1966 年也发了回。

灾吃年闹湿病了，死人不少，灾吃真可怜，男女老少，死了一多半。都是哕，拉稀，一天死俩仨，不知怎么得的，那会儿医疗差。那不知是春天还是夏天，好像是春天，很冷，没那病，详细说不上来，那病愣快，说死就死了。灾吃年，都捋着树叶吃，捋草籽吃，那会儿什么东西也没。富裕的走了，没钱的等死没办法，我没逃，家里人多逃不走。

蚂蚱记不清了，那年多得很，都抛沟里了，打也不减少，成迷信了。

那会儿没日本人，日本人来的时间记不准了，日本人来过，日本人灌井子水，骑着马，马特大，他们也喝井水。那会儿没闹病，他一来（实行）"三光"政策，（老百姓）都跑了。

采访时间： 2009 年 9 月 2 日

采访地点： 巨鹿县王虎寨前塔寺口

采 访 人： 赵曼曼　郑文娟　常　乐

被采访人： 李洪军（男　80 岁　属羊）

李洪军

我叫李洪军，到年 80（岁）了，属羊的。

民国 32 年旱得种不上地，没井，不能浇地了，地赖，一直旱到秋天，没下雨，后边到八月份好不容易下了一点雨，下得不大，那时候野菜也没有，捋草籽吃。到后来，都上 100 多里地以外的赵州逃吃走了，我也去了。灾吃年，我小，才十一二（岁），就是七八月的时候走的，待了一个多月回来。我爹娘都饿着了，不出去就饿死了。第二年有蚂蚱，挖沟，往里轰，都埋了，那蚂蚱多了，光吃穗，我十来岁。

那时候没什么吃就得霍乱病，看见那死的人多了，只记得人病了就死了，不知什么样。我这村死了有好几十个，那会儿都不吃药，连个菜也吃不上，饿死的多了，光饿死的有二三十口。村里原来有一百来口，死了好几十，饿死的多，吃不饱，就得那病，那会儿小，只知霍乱病，记不清什么时候，到八月的时候还有人死了。

日本人在这待了七八年，大灾年，上村里要东西，不给就打。

前田寨村

采访时间： 2009 年 9 月 2 日

采访地点： 巨鹿县王虎寨镇前田寨村

采 访 人： 白丽珍　陈颖颖　张鹏程

被采访人： 吴琴海（男　82 岁　属龙）

吴琴海

我叫吴琴海，82 岁了，属大龙，那时候不能上学，没学校，我是党员，当过干部，副支书、小队长、指导员都干过。

民国 32 年家里有俺爹、俺娘、我，就俺仨人，在村里。这里人饿了都跑山西去了。

民国 32 年旱灾，不能长庄稼，不能种地，人吃草籽，腌咸菜，吃野草。都上山西去了，去人家那，卖点儿布，买点儿粮食，掺点儿草籽吃点儿。那时候十里也捞不着一个人，都逃了，有民国 31 年、32 年回来的。饿死的多了，街里都摔那老盆，死人以后摔的盆，家里有那柜，死了装柜里，就扔地里去了。

民国 32 年村里连前街超不过 100 人，下山西的下山西，死的死，一家子一家子的，都是害病死的。有霍乱，不能吃，人得了，蹿稀，拉屄屄，该不啰？年数多了，闹不清谁了。该不传染了？那时候没有医生。得病死了多少，闹不清了，大几十个，就是快一百了。

蝗虫，哎呀，蚂蚱满地都是，一撮一簸箕，滚这里那里。蚂蚱说不清哪一年了，厉害，咔嚓咔嚓，一会儿一片庄稼就没了。

见天见日本人，一开门，黄乎乎的净日本人，都是黄褂的，日本人给这么高小孩儿东西吃。在这打了好几回仗，打得八路军没有子弹，向铁牢寨（音）退去了。这里东边袁坚台，西边大寨都有炮楼，北边也有钉子，西边是北定的炮楼。劳工都是抓走带走，不是轧了就是崩了，不叫你干活儿。

那时候日本人飞机不多，没见过扔东西。那时候土匪还多了，土匪有明土匪、暗土匪。

铁刘庄

郝保印

采访时间：2009年9月2日
采访地点：巨鹿县王虎寨铁刘庄
采 访 人：赵曼曼 郑文娟 常乐
被采访人：郝保印（男 81岁 属蛇）

我叫郝保印，81（岁）了，属蛇的。

民国32年那年有蚂蚱，不收苗，天气旱，饿死的不少。那会儿我逃了，不在家，逃到了巨鹿县二分区，我当八路军了，我就是民国32年参军的，14岁走了，1948年回来，待了六年。这个村里一年一直没下雨，旱得不行。

那时候人得霍乱病，死得多，跑肚跑死了，那年饿得就晃晃的，也没人治，谁给治啊？我家死了四口，一个娘，三个兄弟，都死了。那会儿也不治，这病传染不传染（闹不清），死的挺多，主要是饿的。那时候日本人在，日本人少，皇协军多。不知道他们得没得，那会儿霍乱病多，都是饿的，主要老人说的。

民国32年没发洪水，发洪水是1966年。

王虎寨村

采访时间： 2009 年 9 月 2 日

采访地点： 巨鹿县小吕寨镇前吕寨

采 访 人： 李晨阳　矫志欢　孙维帅

被采访人： 张金巧（女　82 岁　属龙

娘家王虎寨）

张金巧

我叫张金巧，82（岁）啦，属龙的，俺不认字，娘家是王虎寨的。

那几年旱了两年，那时没井，有井也浇不出水来，那会儿两年不收，我就在家整点衣服卖。

我吃过玉米棒轴，推磨还推不动，家里的面少，用小碗挖。那年想着可苦了，可受罪了，也不是光我，我们河北普遍都这样。那年俺爹、俺娘都在，俺这薄命，没收粮食，又让人给偷了，本来那都饿的，又都偷了，就吃那玉米轴，煮煮，吃了光拉稀尼尼，不想提那个，提那个，痛苦！

那时候有人的都逃出去了，逃到好地方就吃得好，这边哪个村都见天的死四五个，也没人埋，没劲儿，谁埋啊？家里没人住，那草长那么高，村里四家能逃两家，有一半还多哩。那会儿俺在这死挨饿，人家逃到那洪洞县那的好，打工什么的。六月三十走一天，七月初一走一天，都往西走了，人都走了，民国 32 年走的多，一家一家的走，就走那些个！

各村都一样，七八月里饿得那小的枣都吃了，俺成天炒草籽，吃那草籽，老人在家筛筛，草籽还掺糠，二斤草籽还掺糠。这边七月初六下了雨，地里下透了，能种了，找不到种子，都没有，都走不动，可都受罪了，见天地抬死人，见天抬，见天埋人，也没人抬了，都没劲，有使席的。

没听说有传染病，有那虎烈拉病，哕、泻，不行了，饿了就虎烈拉病，那会儿不知传染不传染，连哕带泻都死了，就是这时候得，说不清死了几个，都哕泻死的，咋治啊？没医生谁给治？过来就过来，过不来就死，虎烈拉病就那七八月份，不管那下雨前还是下雨后。

那时候我十来岁，日本（人）进中国，一进村就先点房子，点了房子人就跑，可受罪了。来烧房子，欺负人家花姑娘，愿拿你啥就拿你啥，谁敢惹？日本（人）走时我17（岁），光害怕，他也不打，光怕，都皇协军领着。日本人矮，扛着刺刀，把鸡挑着走，光"扫荡"，愿意抓人就抓，抓劳夫，抓过去，都回不来，谁知道整哪儿去了？日本飞机那时候成天有，不扔东西，都打头顶上过。

有个歌："民国32年，灾吃真可怜，提起来那灾吃年，泪水涟涟……"这是八路军领着唱的。

民国33年就生了蚂蚱，滚成个蛋就过河了，刚开始小蚂蚱没翅膀，我们打它，后来大了，长翅膀了，我们光听着它们唰唰地咬庄稼。蚂蚱是秋天来的，那时候高粱、谷子都熟了，那么多，整不及，都说那是神蚂蚱，把日头都盖住了，那蚂蚱光两张皮，没肉。都是灾。

辛 庄

采访时间：2009年9月3日
采访地点：巨鹿县王虎寨镇辛庄
采访人：王 青 谢学说 姜玲玲
被采访人：高振堂（男 82岁 属龙）

高振堂

我叫高振堂，82岁了，属大龙的，上过两年天主学，那个时候六七岁，不是党员。

那时候就是不收，民国30年、31年生

蚂蚱，民国 31 年旱得不行，民国 32 年又一直到七月初六下了一场雨，大也不是很大，能种地了，种上了点庄稼，到九月，还没到霜降哩，下霜了。庄稼，那棒子刚一显粒，就下霜了，要不下霜还能收点，离霜降还有十来天，它就下霜了。那时候一个井也没有，一分地也不能浇。好过点的时候就是有个粮食，吃个菜，吃叶子，掺和着瞎吃。

这个村里饿死的大概有五六十口，俺村里还少哩，南原庄饿死的人多，具体数我说不上来，他村里能死一沟子，三个能死一个，饿死的，南原庄大，比俺村大多了。俺村那时候有一百八十来人，我家有我父亲跟我母亲，一个姐姐，就四口人，那年里就把我爹饿死了，姐姐赶忙娶嫁走了，她还不大哩，就剩我自己和母亲，我那个姐姐接济了我母亲一下。那年七月初六下了一场雨，有的种了庄稼，有的种的红萝卜、蔓菁、油菜，蔓菁带叶都能吃，红萝卜光吃地下（长的），有那个，人还饿死多了，没那个，更不行。俺村里具体说不上了，有六七十口，逃吃，都去山西，有去宁武的，我逃的静乐县，跟我叔伯哥哥，我腊月初九才走的，民国 33 年四月去的，麦子熟了，我就回来了。

那时候吃点物不好，就跑茅子，拉稀，光俺村，连我父亲死了九口，就那一年，大概九月，我爹是九月初二死的。那会儿主要是哕，主要病死的多，旱了以后，下了场雨，到八九月开始闹病。那时候医生少多了，找个医生，给看看病，要花钱送礼，俺村里还有一个，有一个能扎针，不能抓药，医生也是那年死的，民国 32 年死的。哕泻八成就是霍乱，那时候光知道哕泻，跑茅子的多，个把来月里死了八九个，传人不传人谁知道？我也不知道传不传人。那时候俺跟俺娘都没得那病。看也是扎针，请医生没价，扎哪也不懂。那时候大部分是病死的，主要是吃不好东西，就能吃个菜籽、草叶子，都是在民国 32 年，八九月份死得多。

那年没有洪水，七月初六下了雨，九月下霜，后边就没下正经雨，种点红萝卜、蔓菁，糊弄着收点。闹蚂蚱不是民国 31 年就是民国 30 年，饥吃年以前。

日本人来过这里，也见过，实际上日本人也不是见人就打，净皇协军闹的，皇协军说你是八路，日本人就红眼。这里先是归王文珍管，后边把王文珍打死了，就归他张佰奎管了。八路军也有，都地下活动，光黑间的时候活动，三中队，司令员姓张。俺村没有抓去的，原庄有劳工，名字有一个叫庆江，抓劳工，回来了，日本无条件投降以后才回来哩。

采访时间：2009年9月3日
采访地点：巨鹿县王虎寨镇辛庄
采 访 人：王　青　谢学说　姜玲玲
被采访人：李见喜（男　77岁　属鸡）

李见喜

我叫李见喜，77（岁）了，属鸡的，没上过学，一月学也没上过，连校门也没进过。那时候家里有老人，啥也不能做，我回家还得自己做，那时候我才十一二（岁），不是党员。

民国32年是大贱年，就是老天爷不下雨，光凭天吃饭，下了雨咱收了点庄稼，不下雨咱就不收，连着三年没下雨。那都挨着了，最后第三年下雨了，秋天里就是到三伏天的时候下的雨，撒点蔓菁、红萝卜，下霜下得挺早，很早就下霜了，棒子刚长出粒来。

那时候饿死人多了，都上外边走了，逃吃走了，死外边谁管？俺村村不大，那会儿人不少，那会儿没200人，一百七八（十人），走出去了有一半多，俺大哥那年饿死了，东边书申他爹饿死了。我没出去，在家吃糠，找点粮食，吃点糠、麻糁、棉籽饼。我家那时候有五六口人，俺父亲、俺母亲，有俺兄弟，还有个姐姐，都没出去，俺家那年没有饿死的。

瘟疫那时候少，霍乱那还早，闹霍乱，我见过，也不知道是霍乱，俺村有一个老医生，光会扎针，那会儿全是他了，要不是他，都毁多了。扎哪咱不知道，见过治病的，俺这有十个在大门里头扎，我见过他扎过，针法很好。霍乱就是烧劲大，忽来忽去的事，你就要吃点药扎针，死得愣快，那病，得了霍乱就上啰下泻，人迷糊，不记得哪年，那时候我就十来岁。得霍乱是在下雨之前还是之后不记得了，热的时候闹的，伏天那时候，谁知道传人不传人，那个闹不准，都是一伙一伙的得的霍乱，得霍乱的不少，具体什么数记不清了。

蚂蚱是在灾吃年以后，那时候我有个十六七（岁），蚂蚱多了，盖地来，清早往地里锄地去了，锄到西头了，一看哗哗的一大片，全是蚂蚱，谷子吃得溜光，草也都吃了，棒子也就长这么高，叶子都吃得溜光，一片一片的。

日本人见过，来过，我还给日本人打过水。日本人找八路，不抢东西，那时候有八路了，（有）地下党，也有国民党。日本人没打过人，皇协军打过。巨鹿有皇协军，厉害，抓人去拉土、拉砖，我也去过，要夫，盖岗楼，我那时小，去了光搬砖，日本人不打人。俺村没有抓劳工的，南原庄有宋庆江、连顺、杨家寨、白玉章，庆江回来了，连顺没回来，死日本国那里了。后来，日本人投降了，一投降，好几个国家打他，后边他没人了，抄他后路了。

采访时间：2009 年 9 月 3 日

采访地点：巨鹿县王虎寨镇袁坚台

采 访 人：孙维帅　李晨阳　矫志欢

被采访人：宋　氏（女　81 岁　属蛇
　　　　　娘家辛庄）

宋 氏

俺姓宋，81（岁）了，属蛇的，俺孩子叫袁国栋，俺娘家在辛庄，不识字。

民国 32 年地里旱的，薅那么高的苜蓿叶，薅得手都流血，还得掺糠，啥都掺，掺草籽，那苜蓿叶那么高，光记得编的那歌"民国 32 年，灾吃真可怜"。后来下了，不记得什么时候下的，连阴带下了 40 天，种了点菜，种那胡萝卜、油菜，还有了点吃的，没种的就没吃的。没下透，没发大水，稍微下了点，那会儿才 15 岁，都忘了。

都没吃的，吃草籽，第二年种麦子，没麦种，跑人家家里要去，种了点麦收了点。该不有逃吃的啊？有几个都忘了有谁了，走的不是很多，不知道什么时候走的，忘了什么时候了。

那年光记得饿死人特别多，霍乱，就得那霍乱，死了装那棺里，有用席的，死了有十来个。都是不能吃啥，饿的，饿死了，没有吐啊泻啊的，那会儿没医生，得病就活该死。那时候那边有一个小坑，早上起来担点水，小水井里是苦水，早了有，晚了就没了，都跑人家辛庄担水，担点水吃，使苦水刷锅刷什么的，吃担的好水。

生蚂蚱才多哩，有谷子的时候，比现在还早会儿，那谷子还不熟，那蚂蚱多，在地头挖个沟，多的都赶不及，吃的啥也没了，那蚂蚱一大群说走都走了，都看不见天了，飞得呜呜地，反正待了一两天，吃光了庄稼就走了。

当时这里没日本人，反正成天来，俺家离城里近，（日本人）没杀人，招了很多人，建了那岗楼。日本人来了也不抢东西，老百姓都在地里躲起来，那日本人来了都藏起来，日本（人）也不怎么招小孩，那时俺小，人家说你别哭，（他们）对小孩不赖，也有给小孩吃的。

袁坚台

采访时间：2009 年 9 月 3 日

采访地点：巨鹿县王虎寨镇袁坚台

采 访 人：孙维帅　李晨阳　矫志欢

被采访人：李雪芬（女　86 岁　属鼠　娘家铁寨）

我叫李雪芬，属鼠的，86（岁）了。

民国32年旱得从春天开始就没下雨，一直都没下雨，吃个水都没有，一亩地只收一点儿粮食。到六月那个时候下了点雨，下得不大。种了庄稼，长这么高，吃马荸菜。到后面好一点了，能吃油菜，弄点面儿，那时的事情都不大记（得）了，反正到民国35年、36年的时候好了一些。发大水，那是六几年发的大水，民国32年大旱，光旱也不发水了。

李雪芬

没东西吃的时候吃马荸菜，吃蚂蚱。我记得是玉米能掰穗了，那么大一点，就掰下来吃了。后来逃吃，我跑到了临清，拾麦子吃，逃吃就是那个正紧张的时候，头麦里，我娘逃出去了，死外面了。

那会儿啊，村里一天死仨，都饿死了，那时候有湿病，哕、泻，跑茅房，得那病的该不多啊？就是哕、泻，光跑茅厕，提起来那个时候，可不能说了。那时村里没井，连水都没有，村头有个坑，去早了能打点儿清水，去晚了就打点浑水，再晚了就光剩那泥了。民国34年、35年长的蚂蚱，那蚂蚱都多得很，都逮蚂蚱，五月份长大了，就吃谷子，谷子给吃光了，唰唰唰唰的，后来没谷子吃的时候，蚂蚱都飞走了，后来就一年比一年好。

那时候日军离村有12里地，来的时候大家就往外跑啊，不跑他打你，皇协军领着来，拿粮食。来人咋不杀啊？拿着那刺刀，屯头沟那里一天整死了几个，放板凳上灌水，不喝也给你灌。抢东西，随便拿。民国32年没飞机，那时没人管。

采访时间： 2009年9月3日

采访地点： 巨鹿县王虎斋镇袁坚台

采 访 人：孙维帅 李晨阳 矫志欢

被采访人：孙　氏（女　91 岁　属羊

娘家大屯头）

孙 氏

我姓孙，91（岁），属羊，俺孩子叫岳
庆恩，娘家是屯头的，大屯头。

俺娘那年饿死了，他爷爷、奶奶也是饿
死的，民国 32 年俺在这个村里，俺家这三
天死了三个，都是饿死的。

民国 32 年那是大旱，饿死的人可多了，
那麦子才长这么高（比画有 10 厘米左右），都饿的，那时候庄稼都不浇，
哪跟现在，现在多好啊，政府多好啊。一直到九月才下的雨，下了三四
天，收了点绿豆，那会儿玉米穗，才那么大。

那时候都饿的，都逃吃了，把孩子给人家，人家都不要。有点东西，
那日本人就给抢了，民国 32 年都没得吃了，饿得俺那孩子，啥都吃过，
哎呀，都不能提，菜籽、树叶，啥都吃过，提起来俺都哭，现在国家照
顾得多好啊。他二爷去了内蒙古，走了一个月，他那一家里逃到了内蒙
古，都饿死那儿了。就民国 32 年，那饿的都饿死了，不记得春天还是夏
天，俺那妮子也给饿坏了。这会儿多好啊，也不要公粮。逃出去的人多着
哩，少不了，没有一半吧，也得有三分之一多。那边的那个老婆 25（岁）
死的，还都得病，都饿死的多，那时候啥都吃，该没病的啊？我这破鼻子
病，现在这才不破了，住了两次院，花了好几千。

那蚂蚱可多了，蚂蚱滚成蛋，俺们蚂蚱也吃了，啥都吃过，那是民国
33 年，过了麦，那蚂蚱就炸炸吃了，挺好吃。

日本人，一提那日本人俺就不能活了，四月十七八路军来了和俺说：
"你别害怕，到黑就打了他。"（八路军）打了皇协（军），打死了两匹马，
日本人就来村里，烧房子，那会儿我跑屯头去了。那日本人啊，都不能提
了，把俺这房子都点了，在屯头一天就杀了七个。那时候可受罪了，俺孩

都跟着受罪。

那会儿哪有小苦水井，都跑小辛庄去打水。那时候谁吃过三顿饭啊？那会儿都是吃两顿饭。喝水没事，都从辛庄担水。那会儿没有飞机。

枣 园

采访时间： 2009 年 9 月 3 日

采访地点： 巨鹿县王虎寨镇枣园

采 访 人： 王 青 谢学说 姜玲玲

被采访人： 张开辰（男 80 岁 属马）

张开辰

我叫张开辰，80（岁），属马的，解放以后上了一年多的学，以前没有（上过学），是党员，1954 年在村里干工作。1960 年，当支书。

民国 32 年就是旱，寸草不生，大部分都逃吃去了山西，现在死外边的人有好几十，都没回来，没信了。那年我出去了，我上的呼和浩特，呼和浩特东南角，三郭（音），在那村里待了一年。我是民国 32 年十一月去的，到第二年，不大够一年，九月份就回来了。那时候一直到民国 33 年春天才下的雨，下个三点五点的也不顶事。想吃麻糁都没有，地里扫草籽，草籽也没有，种那苜蓿，一长这么高就薅了，薅的一点菜都没有了。

在家里死的死，逃外边也有死的，一个是饿死的，一个是有病没钱治，就死了，就是闹食病，没好医生看，看病也没钱，一有病就得死。得霍乱的有，可多了，那会儿俺村里 200 多人，死了反正是有五六十口。霍乱，闹食病，蹿稀，拉肚子，就在民国 32 年那年。

得霍乱的人我见过，俺家里就有个，俺哥哥得了霍乱，没钱看，硬挺死了。他什么症状？就是拉肚子，死得快，那会儿又没啥吃，又没钱治，得个十天八天就死了，那会儿没使材的，家里有个柜子就使柜子，没有柜子就埋了。那个病该不传人呀？也传人，俺哥哥的小孩，他俩都死了，媳妇也走了，俺哥哥叫东辰。那是什么时候记不清了，闹霍乱病，就是八九月，秋口那块，秋天里，这时候最多。那会儿该不听说是霍乱呀？那会儿我 14（岁）了，没医生，有医生也没钱治，谁有钱治？没治好的。

第二年蚂蚱多得很，墙上都爬满了，那是第二年六月的时候。

日本人来都跑了，谁敢在家里？没有人在家里。抓劳工的有，俺村有一个，抓走了，抓到日本国去了，叫张未辰，解放以后回来了，现在没活着的，都没了。

采访时间：2009 年 9 月 3 日
采访地点：巨鹿县王虎寨镇枣园
采 访 人：王　青　谢学说　姜玲玲
被采访人：张孝辰（男　84 岁　属虎）

张孝辰

我叫张孝辰，84（岁）了，属虎的，上学不中，不认字。那时穷，上不起，不是党员，平民。

民国 32 年闹旱灾，旱了，耩不上地，没收成，旱了一两年，没么吃，炒菜籽，薅点一地一地的草籽回来吃。饿死了老些人，死了有一二十口吧，还多，死的多了。

村里那时候有 200 多人，都走了，没人了，就剩七八个人，都上口外、山西、内蒙古，哪都有，还有太原。我出去了，我九月里走的，旧历九月走的，地里蔓菁还没大。我去的太原，去的人多了，俺村里都走了，俺哥哥俩、俺大哥、弟兄四家的一起去的，在那待了一年多，后边这下了点雨，能种点地了，能收点了，就回来了。七月下的雨，种了蔓菁，种点菜，雨下得不大，下得地里刚能种，种上了。那时候吃什么？吃麻糁、棉花籽，晒干，磨磨，现在都不能吃了。

民国 32 年没有大水，1963 年发了大水，发大水是以后，民国 32 年后边就是少下点，能种了。

那会儿闹食病，拉肚子，病的多了，灾吃年该不病了？人没劲，闹肚子闹得好不了，就是闹肚子死的人多，闹肚子都跑，身上都没水分了，缺水了，这个病多，也没个医生，不能看，光用针扎扎，不能吃药，没药，整点海棠花，喝了也不中，医生愣少。得病的我该没见过？死的人多着了，死的愣多，一会儿不长时间就不中了，吃的也赖，瘦得不行了，一闹就不沾了，抗不住了，就死了，死得快，闹两回就不中了。

霍乱不传人，那时候本身就是吃得赖，不是传染病，俺家里没有得那个病的。一闹肚子就得霍乱，没药，也有找医生能看的，给点偏方，喝喝这个，喝喝那个，不顶事，轻的能喝好，重的喝不好，扎针，扎也不沾（不行，方言），有能扎好的，有扎不好的，有的扎的及时就好了，号脉也不顶事，没药，光扎针。这病谁知道几月份里？那时候我还小，闹不很准，就是秋口这个时候。听老人说七月下的雨，就哕泻，闹肚子，连哕带泻。

蚂蚱闹过，那是三几年，过了贱年了。挖个沟，一轰，沟里头一筐一筐的蚂蚱。一过来，好，都过来，盖地来，庄稼给吃得溜光。

日本人在这，到俺村里来过，整天来，上这村来，头一回来是正月十五，老百姓也跑，他们来了就走了，上南走了。抓劳工呀，有，原庄抓了，有个现在还没有回来的，刘石头，抓走后没回来。这个村没有（被抓去当劳工的）。

西郭城镇

大张庄村

采访时间： 2009 年 9 月 2 日

采访地点： 巨鹿县西郭城镇大张庄村

采访人： 张吉星　葛丽娜　普　敏

被采访人： 刘景坤（男　84 岁　属虎）

刘景坤

我叫刘景坤，84 岁，属虎。

灾吃年是在民国 32 年，当时我 18 （岁）了，当时是天灾，又旱又涝，旱了一年，旱涝不收，热的时候涝的，当时地里种的高粱，水淹到了腰深，那时在水里捞高粱。也不知下雨下了多长时间，那时见天下，一会儿晴一会儿下，就在高粱刚红的时候。

高粱就是刚开始旱的时候不长了，下雨后又长了，后来又涝，村里没的吃，饿死的人有，这村不多，西郭城多。这村也有逃吃的，逃到包头、口外，那时我 18 岁，村里人开始往外逃。我 18 岁逃到了临汾，在十月份，等到第二年过完年回来的，后来又去了煤窑，后来又去了包头，在包头卖衣裳。

民国 32 年日本人在这抓劳工，我们村有被抓走的，那时村里有三兄弟都抓到口外了，听说有抓人抓到日本国的。

蝗虫闹过，具体哪一年不记得了，在灾吃年后。当时村里没闹啥病，听说有霍乱，那时闹霍乱是饿的，那时小，不记得有啥症。

民国六年村里被水淹过，后来又淹过，不记得哪一年，好像在1956年，是上边来的水，热的时候又下了雨。

采访时间： 2009 年 9 月 2 日
采访地点： 巨鹿县西郭城镇大张庄村
采 访 人： 张吉星　葛丽娜　普　敏
被采访人： 刘兰英（男　79 岁　属羊）

刘兰英

我叫刘兰英，79 岁，属羊。

灾吃年是民国 32 年，大旱，旱的时间不短，因为旱，种啥啥不成，可能连旱了三年，民国 31 年、32 年、33 年，啥也种不上。到以后下雨了，这村好点，挖个土井能浇地，还能收一点，西郭城那儿厉害，往东就不行了，走道上都有人饿死的，这村没有饿死的。有逃吃的，逃到口外，也有单个走的，去要饭，都没吃的，也要不着。逃吃有回来的，有没回来的，我家里没逃，家里还能凑合吃点儿。

蝗虫多，一团团的，打了就长翅膀，在民国 32 年入秋后，地里的高粱、谷子，蝗虫一过来就都给吃过了。还闹病，那时候不说霍乱，光说是急病，那时不知得啥病就死了，以后听说有霍乱，以前得病也不知道是不是霍乱。

灾吃年日本人来了，日本人抓人，抓到日本，再到东北，有的跳火车回来了。

1963 年大水淹了，雨比较大，外边也来水了，1963 年那雨下得特别多。民国 32 年没下雨，逃吃的逃吃，走的走。说不上来是不是下 40 多天雨，当时小，我是以后听人说的，连阴带下 41 天。

"民国 32 年，灾吃真可怜。"

采访时间：2009 年 9 月 2 日

采访地点：巨鹿县西郭城镇大张庄村

采 访 人：张吉星　葛丽娜　普　敏

被采访人：刘石章（男　83 岁　属兔）

刘石章

我叫刘石章，83 岁，属兔。

民国 32 年灾吃年，大旱，秋后没啥收成，旱得厉害，挨饿。春季下雨也不多，一直没下雨，只能在这穷熬。闹过蝗虫，具体哪一年不记得了。那时种的是棒子。村里饿死的人有，不多，逃吃逃到包头，我没逃，后来有回来的。

灾吃年日本人在这住了一年多，有的抓人抓到东三省，有的在路上跳火车逃回来了。那时有闹病，听说过霍乱，不见得症状都一样，过来事记不清了，霍乱在村里没发生过，也不清楚别村有没有。

1963 年发了大水，深到脖子，在六月份，来水连下雨凑一块儿了，1963 年那时，雨一下好几天。

采访时间：2009 年 9 月 2 日

采访地点：巨鹿县西郭城镇大张庄村

采 访 人：张吉星　葛丽娜　普　敏

被采访人：王殿杰（男　80 岁　属马）

我叫王殿杰，80 岁，属马。灾吃年是在 1943 年，民国 32 年，还没有解放，先旱后淹，中间还有蝗虫，一直旱，后来才下雨，下雨下得又淹了。

王殿杰

六月份来的蝗虫，蝗虫从哪儿来的记不清了，闹了差不多有数月，蝗虫飞着，后来又有小的，把谷子都给咬了。高粱不出，不生芽，种子不好，加上先旱后淹，粮食没收，人吃糠。这村只有一个饿死的，和东边比不严重，就四五户逃吃，逃到内蒙古，就是灾吃年逃的，几月份逃的记不清了。

日本人在这，那时没怎么抓劳工，当时抓到东北的，都跳火车跑回来了。

这里也闹过霍乱，记不清哪一年，医疗也跟不上，它是个急性病，好的少，有啥症状记不清了，那时小，不记得哪一年，反正是夏天里，这村也有得的，不多，年数大的小的都有。

1956 年、1963 年淹过，主要是外来的洪水。

柳洼村

采访时间： 2009 年 9 月 2 日
采访地点： 巨鹿县西郭城镇柳洼村
采 访 人： 陈绪行　杜　凯　潘多丽
被采访人： 焦仁巧（女　90 岁　属猴）

我叫焦仁巧，今年 90 岁了，属猴的，没上过学，我是共产党员，共产党那时候还在我们家住着呢。

民国32年没下雨，旱，秋天也没下雨，没种庄稼，第二年麦子收了一点。有很多蚂蚱，一般挖沟把蚂蚱赶到沟里，然后用土把它埋了。满天都是，天都看不见了，乌黑黑的一片，向南飞了，地里的东西一会儿就咬没了。蚂蚱热天来的，当时种的是麦子，地里的麦子都给吃了，一会儿就咬没了，具体时间不太清楚了。

焦仁巧

民国32年那时候树叶都吃，草籽也吃，饿死的人很多，村里都没什么人了，逃吃逃到山西、山东、包头的比较多，逃吃时间不记得了，逃吃出去的第二年人就回来了。

霍乱死的人很多，说死就死，好好的就死了，一会儿就死了，我婆婆就是得霍乱死的，上哕下泻，没药，热的时候得的，霍乱传染。

日本人在这抓人干活，挖沟、盖炮楼，有抓到外地去的，没回来的。

南盐池村

采访时间：2009年9月2日

采访地点：巨鹿县西郭城镇南盐池村

采 访 人：陈绪行　杜　凯　潘多丽

被采访人：范秀曲（女　84岁　属虎）

　　　　　邢淑贞（女　78岁　属猴）

范秀曲

我叫范秀曲，今年84岁了，属虎的，没上过学，那时候上不起学。

民国32年的时候大旱，春天稍微下了

一点雨，种上了一点庄稼，以后就不下雨了。七八月份我就逃吃走了，没吃的，没收的，夏天收得也不多，高粱没籽，就吃那高粱秆。

邢淑贞

蚂蚱是过秋的时候来的，黑压压的一片，可怕人了，秋天也有，蚂蚱把谷子都咬了，我们把蚂蚱赶到沟里，把它埋了，有的逮了蚂蚱回来炒炒吃，那时候什么都吃。饿死的人可多了，天天都有死的，都埋不过来。我是秋天出去逃吃的，没饭吃，有的把孩子都卖了，有的回来了，有的就没回来，有的就住在外面了。

霍乱就是逃吃那年得的，我没见过，但我听说过。霍乱是连饿带热得的，上哕下泻，没有抽筋，也有得霍乱死的，是在热的时候。那时候没医生，有医生也没钱啊，没钱治，也没有治好的，得病的大部分都死了。那时候花籽都吃，花籽掺点粮食，压压就吃，咽不下去。

当时日本人在，皇协军也在，打人打得叫爹叫娘的。日本人抓人干活，跑不快就被抓住了，有叫挖沟的，也有去挖煤的。

采访时间： 2009 年 9 月 2 日
采访地点： 巨鹿县西郭城镇南盐池村
采访人： 陈绪行　杜　凯　潘多丽
被采访人： 焦永恩（男　78 岁　属猴）
　　　　　　焦景林（男　74 岁　属兔）

焦永恩

我叫焦永恩，今年 78 岁了，属猴的，没有入过党。

民国 32 年大旱，一直旱，八月立了秋

才下的雨，下得还行，基本上把地给下透了，种了点晚庄稼，有油菜、胡萝卜什么的，晚庄稼，收得很少。我记得是秋天的时候来的蚂蚱，不算是很冷，地里的庄稼都被吃没了。

焦景林

那年饿死的人很多，一天能埋好几个，抬都抬不及，我母亲得了霍乱，村里得病死的不少，症状就是啰、吐，死得往外抬都抬不及。那时候没医生，秋天八九月发生的霍乱，得霍乱几个小时，人就死了。

人都逃吃逃到关外，村里就没什么人了，逃出去的人很多，火车都拉不了，秋天往外走的，去山西、包头的比较多，（去）山西阳城的也有，有回来的，也有死在外面的。

采访时间： 2009 年 9 月 2 日
采访地点： 巨鹿县西郭城镇南盐池村
采 访 人： 陈绪行　杜　凯　潘多丽
被采访人： 王法田（男　80 岁　属猴）

王法田

我叫王法田，今年 80 岁了，属猴的。

民国 32 年大旱，地里根本就不收东西，没吃的，那时候啥都没有，靠天吃饭，有雨就有粮食，没雨就没吃的了，跟现在不一样。民国 32 年那时候整条街都没有人了，死的死，逃的逃。蚂蚱飞得满天都是，很多，大概是秋天来的。

"民国 32 年，灾吃年真可怜，接接连连下不停，人人得霍乱，男女死了一大半，真可怜真可怜！"这是个民谣。下了雨后有潮气，才得的霍乱，死的人很多。

采访时间：2009 年 9 月 2 日

采访地点：巨鹿县西郭城镇南盐池村

采访人：陈绪行　杜　凯　潘多丽

被采访人：王庆海（男　90 岁　属鸡）

　　　　　王春田（男　84 岁　属虎）

王庆海

我叫王庆海，今年 90 岁了，属鸡的。

灾吃年的时候，春天就不下雨了，不能种庄稼了，七月初七下的雨，下得很大，不停地下。

有得病的，霍乱，秋天得的，上哕下泻，拉肚子，死得很多，一天能死五六个，有扎针（扎）好的。

逃吃的一般是春天出去的，都逃到东北去了。日本人抓人干活，有抓到山西、东北挖煤的，也有抓到日本去的，有回来的，有没回来的，死在外边了。

收麦打场的时候来了蚂蚱。

王春田

小张庄村

采访时间：2009 年 9 月 2 日

采访地点：巨鹿县西郭城镇小张庄村

采访人：张吉星　葛丽娜　普　敏

被采访人：李双喜（男　82 岁　属龙）

我叫李双喜，今年 82 岁，属龙。灾吃年是解放前，那时我有十四五岁了。

民国 32 年俺这旱，没收成，从种棉花时已经开始旱了，棉花出来时，村里从河里偷了点水，把地浇了，当时村里有浇的，有没浇的，大部分没怎么挨饿。到七月份才下的雨，雨刚下透地，下的时间不长，大概有一天。那一年村里浇地的都能种上庄稼，这村这边的河里经常有水，别的村不能浇，没法种地。闹过一次蝗虫，当时地里种的谷子、高粱，那时我十四五岁，具体哪一年不记得。

李双喜

村里有闹病的，啥病说不清。有麦子吃时，麦子有烧劲，吃了麦子有病。听过霍乱，不知道是啥病，听说霍乱（发生时）也是灾吃年，那时能扎针，土办法，有扎好的。没听说霍乱传人。那是过了秋以后，那时村里也有得病的，村里死了三四个人，是民国 32 年。

民国 32 年有逃吃的，逃到北边包头，一家一家地逃，一过秋就开始逃了。有回来的，有没回来的。

灾吃年以后日本过来的，日本人杀人，没有在俺们村抓劳工。

大水淹是在 1963 年，下过好几天，俺这没，有过连阴的，具体时间不记得。

采访时间： 2009 年 9 月 2 日

采访地点： 巨鹿县西郭城镇小张庄村

采 访 人： 张吉星　葛丽娜　普　敏

被采访人： 李振武（男　80 岁　属马）

我叫李振武，80 岁，属马。

灾吃年是民国 32 年，民国 31 年冬天就开始旱了，旱了多半年吧，菜籽不收，到七八月才下一点雨，雨下得地透了，但下得晚了，秋庄稼种不上，菜籽不结，啥也没收。

那时候皇协军在这，浇一点地还得挨打受气，要给人家送点烟，送点礼。日本人抓劳工，有的抓到日本国去了，有一个八路被抓到日本，逃回来又被抓到日本了，给日本人干活，后来解放以后，统一放回来。

李振武

那时候草籽都不结，能有吃的吗？这村饿死的没有，别的村饿死的多，别村多的，一天饿死好几个。这村河里有点水，还有点吃的，没有饿死的。庄稼要用盆舀点水，才能浇点地，有点吃的还舍得走吗？民国32年没吃的，有的出去把衣裳、盖的被子卖了，或者做点小买卖，再回来种地，这个村逃出去的少点。我是在民国33年农历二月份向口外逃的，快到那里了，打着仗不能去，又回来了。

那时闹霍乱，上哕下泻，那是民国32年，主要是六月份，热的时候，也不记得闹了多长时间，后来有点吃的就好点了。民国33年也闹过霍乱，过了麦闹的霍乱。说不上有多少个得的，不太多，应该是收了麦有吃的，吃撑了才得的病。有治好的，少，村里的医生不能治，得霍乱死人，都是快病，别的村死得都抬不及。得霍乱是在下雨后，主要是在民国33年过了麦（以后），民国32年时没出现过上哕下泻的情况。

村里闹过大水，1956年和1963年闹的。

采访时间： 2009年9月2日
采访地点： 巨鹿县西郭城镇小张庄村
采访人： 张吉星　葛丽娜　普　敏
被采访人： 杨棉芬（女　84岁　属虎）

我叫杨棉芬，84 岁，属虎，闹灾吃时我十八九岁，我是 17 岁嫁到这个村，具体是哪一年灾吃年现在不太清楚了。

杨棉芬

民国 32 年那一年草籽不长，旱得不行，地里一点东西不收，过秋不收，过了年才有收了，一年都没下雨，地里浇不着。18 岁时家里没啥吃的，吃高粱、豆饼、菠菜，一天最多能死三四个，东厢死得多。闹霍乱连哕带泻，死人多了，我 18 岁那年六月，俺奶奶也是病死的，那时没得治，这个村也闹霍乱，那时普遍闹霍乱，跑茅子，传染。

我 19 岁逃吃到北京，卖衣裳，卖盖的被子，好像是八月的，好像刚入秋。

灾吃年以前闹过蝗虫，一团一团的过来，那会儿我有十七八岁，那时多，都是黄蚂蚱，用鞋底打，也是七八月份的时候，闹的时间不长，有半个月，不知道哪个方向过来的，往南走了。

民国 32 年日本人在这，抓劳工去做事，干活，干活干不好就打。抓劳工抓到日本国，有一个我认识的人抓去了，后来跑回来了。

小吕寨镇

白家寨村

采访时间：2009 年 9 月 2 日

采访地点：巨鹿县小吕寨镇白家寨村

采访人：张云鹏　董艺宁　杨　萍

被采访人：张金波（男　82 岁　属龙）

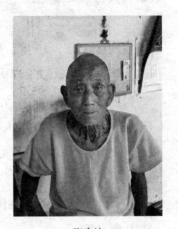

张金波

　　我叫张金波，82 岁，属龙，没上过学，我上学时，日本人来了，都不去上。

　　民国 32 年是个贱年，地里收点。皇协军在村里，有一点都给整走了，在地里有粮食，（有）谷子都不敢割，那一年不是没收成，皇协军来了，有点就拿走。那时我就五六岁，有几户去逃吃的，到处去逃难，有两家把孩子卖了，我没去逃吃。没有得病死掉的，没有上吐下泻的。

　　民国 32 年秋天里下了雨，在庄稼熟的时候，停了雨，抢收了一点，回来之后，在锅里炒炒，种点高粱，不管是啥，锅里炒炒。雨下的不是愣大，就是下得紧，一场几天。

　　蚂蚱俺这不多，在北八里地一滚一个，俺们都打蚂蚱，过麦的时候，麦子快熟的时候，蚂蚱多，在地上挖跳沟，一赶马上就埋了。

这边麦田里水不大，就是秋天时多。过水时头一次是日本人还在，第二次已经不在了。村里发大水时，能淹到大腿这。第一次来的时候我大概二十来岁了，那年水小，光地里有水，村里没水。那时候一下子下了40多天，见天下，一会儿晴一会儿雨，40天不是一个劲下，是每天下一阵。

采访时间： 2009年9月2日

采访地点： 巨鹿县小吕寨镇白家寨村

采 访 人： 张云鹏 董艺宁 杨 萍

被采访人： 张庆章（男 75岁 属猪）

张庆章

我叫张庆章，75岁，属猪，上过小学，但只上了几个月，小学没毕业。

民国32年天气闹不清楚，不知道有没（有）下雨。那时候日本人在村里还抢粮食，有点儿就拿走了，收成不好，这村子里饿死的人也不多。有逃吃的，我自己家就有人逃到包头，一直没回来。那时候蝗灾很严重，大概就是在民国32年，好家伙，满地都是，要往哪儿跑就一起往哪儿跑。

有病死的，连吐带泻的，死了好几个，不记得都叫什么名字了。得病就看不好，天天有死人，就是四五月的时候。民国32年没有下雨，记不清什么时候才下的雨，不记得霍乱时有没有下雨。都扎不好，扎扎就死了。这个村1963年发过洪水。

那时候都是汉奸来，日本人不来，都是皇协军来抢东西。我见过日本人，那时还小，日本人还给过我糖，就跟电视上穿的差不多，没给过其他东西吃。记不住有没有飞机，那时还小不记得。有天去抓人了，我还去过一回，给他们盖岗楼，当天去当天回来。

瓜刘庄

采访时间： 2009 年 9 月 2 日

采访地点： 巨鹿县小吕寨镇瓜刘庄

采 访 人： 张云鹏　董艺宁　杨　萍

被采访人： 刘丙会（男　86 岁　属虎）

刘丙会

我叫刘丙会，86 岁，属虎的，没上过学，不是党员，我当工人当了四五十年，现在退休了 18 年，68 岁退的休。

民国 32 年连续 3 年没正经收，整年没下过雨，七月初六才下得雨，种了点蔓菁，这场雨下了 40 天，下下停停，地里有了水，咱这东边有条河，河里水不满。下透了雨，就能收点蔓菁，萝卜也能收点。

那年大小孩子、年轻人，逃走的、死的有十几口，民国 32 年正月的时候我逃吃到了正定府，逃了两年，村里大多数人都逃走了，有逃到包头的，口外的，洪洞的。我有个亲娘，随走随来，七月下雨后来了，家里种了点地，又走了。

民国 33 年生的蚂蚱，过了灾吃就是蚂蚱年。七月下雨后，八月份种上了麦子，民国 32 年大收，麦子长得挺好，快熟时生了蚂蚱，光咬麦头，人逃吃回来后就在地里拾麦头。

第二年收了麦子时有撑死的，有得霍乱病死的，不很多，上吐下泻的，那年得病死的太多了，不记得有多少口了，反正是有得霍乱病死的。那时候村里没有医生，也没有医生扎针，病死的，有的被破柜装着埋了，有的包着席子埋了，死绝了好几户，是流行病，传染。下雨之前得的霍乱。

民国年日本还没走，我七月初六以前还到城里领大米，日本人倒不怎么来村子里抢粮食，光来锯树，就是来村子里拉树。要夫也是经常事，抓人做活去，有抓去其他地方的，有抓去日本的，张秋田抓到日本去当劳工去了，待了几年就回来了，到日本下煤窑的，这村不多，有三四个吧。

民国年村里人少了，当时人都逃完了，村里没剩多少人了，有一半出去逃吃的。

采访时间：2009 年 9 月 2 日

采访地点：巨鹿县小吕寨镇瓜刘庄

采 访 人：张云鹏　董艺宁　杨　萍

被采访人：刘桂林（男　78 岁　属猴）

刘桂林

我叫刘桂林，今年 78 岁，属猴的，1931 年生，小学毕业，巨鹿师范附小毕业的，我是 1960 年最困难的时候申请入的党。

民国 32 年，三年没收成，七月二十下了三四天的雨，地里也没湿透，雨下得不大，河里又没有水，只能种油菜、荞麦了，所以那年种得早的旱了，种得晚的也没收成。

民国 32 年与民国 34 年中间，那年我 10 岁了，蚂蚱一飞就阴天，地主也种地了，蚂蚱咬了又咬，地上都是麦穗，穷人就来拾麦穗，所以那时候老百姓都说"蚂蚱神，蚂蚱神，有了蚂蚱救穷人"。这边人都逃吃走了，出去的人有三分之二，在家吃不饱就饿死了，有逃到口外的，东三省的。村里饿死的我就知道一个，叫朱沙将。

我 7 岁的时候，日本人来了，日本人从俺村子里就进城了。民国 32 年，巨鹿县共产党都在我家住着，那时候有敌人，也有共产党，还有土匪叛徒。咱村里有个小孩他姥爷张计田叫日本人抓去当劳工了，张黑五、张秋田也抓去日本了，只有张秋田回来了，现在已经死了，死在了高义。他是铁路电工，死了好几年了，别的就不知道了。那时候还有人白天被拉去修路，黑夜八路军让破坏，把日本人的电杆拿了，埋了。

我民国32年冬天去了高义，我14岁时这地方解放了，其他人解放后就回来了，当时我没在家，所以就不知道有没有得病的了。说是传染病，其实都是饿的。吃杨树叶，捋吧捋吧，用热水一浇就吃了。

后吕寨

采访时间： 2009年9月2日
采访地点： 巨鹿县小吕寨镇后吕寨
采 访 人： 李晨阳　矫志欢　孙维帅
被采访人： 李自民（男　75岁　属猪）

李自民

我叫李自民，不大认得字，会写自己名，75（岁）了，属猪的，不是党员。

民国32年旱，庄稼都不收了，没吃的，都逃吃走了，在家里有的人家有吃的，有的没吃的，都糠糠菜菜的，还能吃好啊？吃树叶。我那年是跟爸爸一块走的，去呼市（呼和浩特）了，那边有亲戚。

蚂蚱是民国32年过了麦有的，多得一飞就摸不着天了，道上也有，把地里庄稼都吃完了。旱得不长，长点也给吃了。民国32年没下雨，到了民国33年下雨了，就收了，下透了，秋天下的，下完以后就可以种点庄稼了。那年河里没发水。

有得病的，记不很清了，霍乱不少，那会儿谁还顾着谁啊？就是在过麦，热的时候得的。我们都是喝井里的水，村东头有井水，喝井水，打上来就喝。

民国32年村里有日本人，都在小吕寨村，一天来五六趟，要东西要吃的。抓人，有回来的，也抓不了多少，一来就跑了，一天跑五六回。该不有给他们干活的？没有抓到日本去的。有飞机，不扔东西。日本人对小孩不赖，给吃的，小孩该不敢吃？吃了也没得病。

瓜屯里村

采访时间：2009年9月2日
采访地点：巨鹿县小吕寨镇瓜屯里村
采 访 人：张云鹏　董艺宁　杨　萍
被采访人：李景印（男　81岁　属蛇）

李景印

我叫李景印，81岁，属蛇，没上过学。

民国32年大旱，没下雨，到七月初几，种上了蔓菁，下了一天左右，麦子都种上了，要不就是一整年没下雨。吃草籽。一天死七八个，村里没人了，我也去逃吃了，那时候十户中八户都走了，逃到洪洞，我跑到了石家庄，我是过了年种了地时回来的，下雨以前就走了。第二年生了蚂蚱，一踩脚底下咯吱咯吱的，从西南飞过来，到天津又继续往东北飞，在这儿停了一两天，像刮风一样，咬秆，是红蚂蚱，吃饭回来，听"唰"的一下像下雨一样就把庄稼咬光了。

人得了霍乱病，连吐带泻的，麦子都熟了，却不敢吃，怕撑死了。我没得这病，得了的不少，一天能抬七八个，人都不敢抬了，传染。陈九旭他爹得这病了，还有乔飞领他爹，有扎针的，扎也不行，人身体太弱，光剩骨头了，谁知道扎哪儿了，都是连吐带泻的，一会儿就了事了。

日本人要找人干活，一堆的活，村长派人，管吃，在城里当了几天又换地了，没有抓夫，都是跑到村子里要。日本人穿的绿装，到后来戴的钢盔，跟电视里差不多。

李自凯

采访时间： 2009 年 9 月 2 日
采访地点： 巨鹿县小吕寨镇瓜屯里村
采 访 人： 张云鹏　董艺宁　杨　萍
被采访人： 李自凯（男　77 岁　属鸡）

我叫李自凯，77 岁，属鸡，上了一段学，上了有三四年，是干部退休，党员，1955 年入的党。

民国 32 年，那一年基本上没怎么下透雨，也可能是那一年根本没下雨，闹蚂蚱，到第二年才下了一点，也没种庄稼，蚂蚱很多，溜溜乱爬，和蚂蚁一样，边爬着就长大了。春天里就有蚂蚱，挖个洞轰到沟里，用脚踩踩。蚂蚱有两种，一种没翅，一种有翅，一飞就看不见天了。下雨记不清，有说是七月中旬。

民国 32 年饿死的人多呢，饿死的具体记不清了，反正是上百了，有一部分人去逃吃了，我去过两天。逃吃的人不少，有去山西、包头、赵县等地，有春天走的，有秋天走的，过了一年就回来了。

那时病就是霍乱，连吐带泻的，一会儿就死了，传染，医生也给扎针，扎哪儿我忘了，扎针扎好的不记得了。得病死的还是饿死的不知道了。在这里我家不算很不好，大部分都是受饿而得了病，好的很少，死的多。大热的时候六月到七月，一下雨就止住了。当时日本人、皇协军都有，他们经常抢，把吃的东西都收走了，皇协军来得多，日本人来得少。白大褂的日本人没见过，有部分穿黑衣裳的便衣，来得也很少。有抓到日本去的，陈建文是党员、八路军，还有乔仁喜，他们两个被日本人抓走了，他们都是因为是八路军被抓走了，不是去当劳工。

采访时间： 2009 年 9 月 2 日

采访地点： 巨鹿县小吕寨镇瓜屯里村

采 访 人： 张云鹏　董艺宁　杨　萍

被采访人： 乔彬堂（男　80 岁　属蛇）

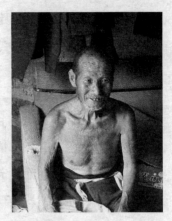

乔彬堂

　　我叫乔彬堂，80 岁了，上过两天学，在日本人学校里上的，有四五个月。

　　民国 32 年大旱，到七月初才下雨，下了好久，先旱后涝，啥菜也没种，从春天一直到七月初，咱这附近没井，没河，下得地里都淹了。没得吃，饿的人都在街上躺着，这里死了大约有 200 人。逃吃的有，有一半逃吃了，去包头、口外、山西，我没有逃吃，有民国 34 年回来的，有不回来的。

　　饿得没得吃的时候，就有得病的了，民国 32 年六月得的霍乱，用针扎腿，放血，好就好了，不好就死了。扎腿窝，扎人中，流黑血，光咱村子死了二三百。那时俺村子小，只有 600 口人，死了有几个人就抬了埋了，那时候谁知传染不传染，不大会儿就死了，从六月到七月，下雨前就得的。就是老百姓吃得烂，饿的，就得病了，也没有医生，扎针有好的也不多，闹了两三个月，主要是人没啥吃的。

　　蚂蚱是民国 34 年生的，把太阳都遮住了，村里人挖沟埋，可多了！在麦子快熟的时候，麦子还没收就叫蚂蚱给吃了。

　　日本人不咋抢，卖国的经常来抢东西，那都是小事，不去就杀你。都是穿黄军装，我没见过日本人穿白大褂的。有人给抓去日本的，有三四个抓去日本几年，现在还没回来，郭宝印被抓去了，俺五哥也抓去了，后来回来了。

西孟庄

采访时间：2009 年 9 月 2 日

采访地点：巨鹿县小吕寨镇中吕寨村

采 访 人：李晨阳　孙维帅　矫志欢

被采访人：孟志棉（女　77 岁　属狗）

孟志棉

　　我叫孟志棉，77 岁，属狗的，不识字，俺娘家在西孟庄，我 15（岁）就结婚了。

　　我光记得那年是大贱年，都逃出去了，我一家是逃难走了，春季走的，出去了多半年，逃到山西盂县，一去去了三家，都没了。俺家，俺爹、娘、兄弟都死了，就我自己了。那时候村里没逃一半，好过的都不走，去哪的都有，俺娘卖了点粮食就走了，要饭走的。春天那时候家里就没粮食吃。

　　好几年后才有的蚂蚱，一大坑的都是蚂蚱，地里蚂蚱多的是，经常打蚂蚱，回来放点盐炒炒吃。蚂蚱把谷子咬的光剩秆了，一个叶都没有，灾吃年以后三四年才有的蚂蚱。

　　我经的事可多了，可苦了，那时就吃高粱面窝窝，这都是真事。有得病的，死的人可多了，俺奶奶死了，饿的，吃东西不好就死了。霍乱死人可多了，装棺里就埋了，一家能死好几个，不记得什么症状，反正死了好多人。在热的时候，我上地里，人家那姑姑死地里了。

　　那会儿没日本人，日本人来了，上孟庄，啥时候闹不准了，他们叫："小孩，小孩过来给你个瓜。"一个小孩给个瓜，对小孩挺好。抓人，抓男的，这儿一扑，那儿一扑，抓去烤鸡、烧水的。不记得有没有飞机。

　　那会儿都吃坑水，南边一个，北边一个，凉水，都没井好，井水可甜了。

小吕寨村

采访时间： 2009 年 9 月 2 日
采访地点： 巨鹿县小吕寨镇小吕寨村
采 访 人： 李晨阳　矫志欢　孙维帅
被采访人： 解怀恩（男　78 岁　属猴）

解怀恩

　　我叫解怀恩，78 岁了，属猴，断断续续上的学，后来解放了上的师范，我不是党员，那时候都不敢加入，我叔是党员，叫解北海。

　　民国 32 年旱了一年多，从春天起一直没下雨，那时候没井，没法烧水，种不上地，靠天吃饭，地干得烫脚，不能走。头年就没下雨，第二年才下了点雨，下雨是第二年秋天，以后才能种上麦子了。

　　种不上，收什么？没法生活，有上山西的，逃的多得很，有的全家都走了，没人看门，把门用砖垒起来了。家里条件好一点的就没走，贫、中农都走了。

　　逃吃的，大旱那年过了麦，没收东西就走了，头年还有点余粮，吃到过麦时，就没粮食了，也种不上，才走的。家里没收成，就吃点野草籽，玉米才长这么高，穗就一点点，粒没长起来，这还是好的。连那个玉米里面那轴，该磨的磨，该轧的轧，也吃了，花生外边的皮也吃了。在外边逃吃的人，把家里的破衣烂衫改成小衣服，弄到外边去卖，换点吃的。

　　那会儿吃得不好，医疗卫生也不好，有霍乱病，死得可多了，上吐下泻，抬不及，就甭提了，不大会儿就死，成天往外抬人，东头一家死了好几个，地里全是坟。那时也没有材，用那个柜，就用那装尸体，哪有棺材，连柜都没有的，用布卷巴卷巴就埋了。死得人都害怕得不行，头一天还在抬别人，第二天自己就不行了，传染得很快，那是在天热的时候。

蝗灾是在谷子收以前，主要就是咬谷子，蝗虫可厉害，一路推过去，就剩光杆了。老百姓想的办法，在地头上挖沟，往沟里赶，也有在秆上绑个鞋底子打的。蝗虫抱成个团，过河。那时蚂蚱没长翅膀，不能飞，地都吃了，还有一种长翅膀的，飞过来把太阳遮住了，都往南飞，落得屋子上地上全是，人就吃蝗虫。

那时候有日本人，就在这里，他们也不管老百姓，那会儿有良民证，跟身份证似的。俺村里弄成了围墙，周围 15 里地以内的人都要来打夯，城墙包起来，有监工的，你不干不行。有宪兵队，他们有穿白衣服的，日本跟皇协军的衣服都不是白色的。日本人对小孩咋样我不大记得。人家日本人怕别的有毒，他们吃鸡蛋，拿鸡蛋换东西，换点本啊笔啊什么的，人家也给。有日本飞机，不扔东西。

那时候我叔叔头一次被日本人抓了，到了日本，我叔不想受气，想回来，偷偷地跑回来了，大年初一，穿着日本衣服回来了，那会儿他回来，十个脚指头都冻了，都没了，在那他也不干活，跑了多少日子，跑回来了。往脚上抹黄蜡，抹了好多年。后来又找到了党关系了，联系上了，那会儿又派的他当村长，他就在村里做地下工作，后来又被抓住以后，晚上就枪毙了。

采访时间：2009 年 9 月 2 日
采访地点：巨鹿县小吕寨镇小吕寨村
采 访 人：矫志欢　李晨阳　孙维帅
被采访人：解敬海（男　79 岁　属蛇）

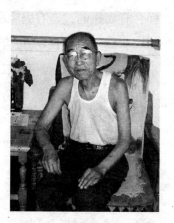

解敬海

我叫解敬海，79 岁，属蛇，师范毕业的，我原来是党员，后来因为成分不好，是富农，不让当了。

民国 32 年旱，从民国 31 年就开始了，民国 31 年的后半年，雨就不行了，民国 32 年是明显的大灾吃。草籽不收，人吃人的年景，大灾难，基本上不收吧，种的庄稼都旱死了，再种新的也出不来了，没有粮食，我觉得整个民国 32 年都没吃的。八月下雨之后，连续下了好几天，半阴半停，哩哩啦啦的，撒了点菜，红萝卜、油菜，才有吃的了。

逃吃一般是从民国 32 年春天开始，这里的一般去山西、内蒙古、包头、西北口，因为那边年景好，能要到饭，能混口饭。后来大部分都回来了，也有没回来的，有落外边的。我们村逃吃的不多，有百八十户，有的村逃的就多了，能凑合地吃的就不逃了，那时我家算富农，也得吃糠咽菜，家人都饿着哩。

到民国 32 年八月里下了透雨，水大，潮气大，人得了霍乱，"民国 32 年，灾吃真可怜。水大招潮气，人人得霍乱。" 得霍乱的特别多。我们这个村在很短的时间内，不几天就死了百八十个，那时候村里共有 1000 多人吧。最厉害的是一家死了七口的，有十来口的一家，剩了三四口。解庆堂，他家里一下死了一半多，严重的传染。霍乱就是 24 小时以内就要了命，不大会儿就死，上吐下泻，腿抽筋。有治好的，我家西院是个药铺，医生留了几个治病的中药，叫夫子还阳汤，包的一包包的，放在家了，来了也不用问，拿一包就行，拿回去赶紧喝，治好的不多。

这边的水当时还是能喝的，好水赖水的，不一定干净，其实和现在一样，有喝热的，也有喝凉的，喝了也没啥事。

有蝗虫也是民国 32 年，巨鹿怎么样，我不太注意，广宗、威县那特别厉害，我当时在哥哥家，我哥在聊城当县长，哪一脚下去就得踩死七八个。可能是在下大雨之前，快收麦子的时候，把叶都吃了，光顶着个麦穗，时间并不长，很短的时间吧，十天半月的，就飞走了。蚂蚱是见绿叶都咬，要往哪飞，都往哪飞。有吃蚂蚱的，我没吃过，我是在山东听见的，住店的时候，他们说把蚂蚱炸着吃。

日本鬼子来了以后，就消灭共产党，（实行）"三光"政策，很毒辣。他不在这个村抓，到外边村抓人，抓人、打人，也杀人。抓去当劳工的有，那个解怀恩的叔从日本回来了，脚指头都冻掉了。那时候也有日本飞机，没往这扔过东西，轰炸了石家庄。

采访时间：2009 年 9 月 2 日

采访地点：巨鹿县小吕寨镇小吕寨

采 访 人：矫志欢　李晨阳　孙维帅

被采访人：李勤申（男　75 岁　属猪）

李勤申

我叫李勤申，属猪，75 岁了，我没上过学，也不是党员。

民国 32 年大旱，物都没收了，旱了二三年哩，旱了以后，庄稼不赖，就是有蚂蚱。大旱第二年，蚂蚱来的，春天就有了，地头挖了沟，往沟里赶，一赶地里就满了。一过去，庄稼光剩秆了。没粮食吃，都逃了，没收入了。还不到收秋的时候，大家逃了，咱这儿跑包头的多，往南的也有，再就是山西。

那会儿哪有东西吃，吃树叶子，死的不少，死得都抬不及，净自己家的人埋去，家里死得都没人了。病是霍乱，没啥吃，净饿的，那会儿我小，不太记得了，俺母亲得这个病死的，得了病，很快就死了，是在下雨之后。那时候没有医生，那会儿医疗条件哪赶上现在。这个村里有井，也烧水，喝了也没什么事。

那会儿有日本人，咱这儿就有炮楼，皇协和日本人都抓人、打人，抢粮食的抢粮食。他不欺负小孩，见了小孩啥都给，吃了也没啥病。抓到外国去的，打仗以前也有，那会儿咱小也不记事，解放后有回来的。

张威村

采访时间： 2008 年 7 月 12 日

采访地点： 巨鹿县县光荣院

采 访 人： 李莎莎　张　艳　贾元龙　王　瑞

被采访人： 成增深（男　82 岁　属兔）

成增深

我家是在小吕寨镇张威村，日本人来了以后就不上学了，一共上了一两年，不识字，不是党员。

民国 32 年、33 年我在县大队，巨鹿大队，我是民国 33 年当的共产党的兵，那时候日本人在巨鹿县。那会儿穷，是灾吃年，民国 32 年，当时日本人在这，没有人管。天旱大灾吃，一年没下雨，饿死的人很多，那时没有吃的，都是饿死的。巨鹿县，不当兵的就逃吃了，有逃到山西的，有当八路的。有蚂蚱，第二年生的蚂蚱。

霍乱病？那会儿有死的，没医生，灾吃年那一年得病死的人多，饿的，那时传染病不知道叫啥病。俺村死的人不少，饿的。得病也没有医生看，不知道是啥病，没吃的，俺家没人得这个病的。

我怎么没见过日本人？日本人穿的是黄衣服，跟中国人一模一样，说话听不懂。日本人十里地就一个据点，五里地一个炮楼，日本人到村里专打八路军，哪个村里一打仗，房子就给点了。

中吕寨

采访时间： 2009 年 9 月 2 日

采访地点： 巨鹿县小吕寨镇中吕寨

采 访 人： 李晨阳　孙维帅　矫志欢

被采访人： 李自元（男　88 岁　属狗）

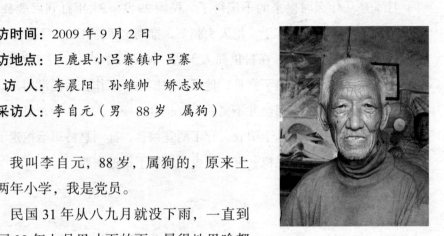

李自元

　　我叫李自元，88 岁，属狗的，原来上过两年小学，我是党员。

　　民国 31 年从八九月就没下雨，一直到民国 32 年七月里才下的雨，旱得地里啥都没了，都旱死了，都没粮食吃了，都吃菜，吃灰灰菜，就吃的那个。七月二十几下了雨，下了可不小，才种的油菜、荞麦，那一年油菜和荞麦还是收了，油菜收得还不错。

　　从民国 32 年里一二月份就没啥吃的，家里没人了，日本人抓了人要粮食，逃吃的多，村里连死带逃，就没什么人了，有一半都逃了，都饿死了，光我记得的就有八九个饿死的，光吃菜也不行，死了都没人埋。

　　那年有得那个霍乱病的，快得很，啥反应？他们说心里一害，一吐一泻，一泻就毁了。得这病死的可不少，有 30 多个，那会儿这儿人口就 400 多人。谁治啊？有个医生也不给看了，那时看病不能给钱，吃的都没了，还给钱？人家自己顾自己了，自己吃的都没有，还能给东西啊？民国 32 年里五六月里死得最多了，下了雨以后就少了。主要是吃得赖，还旱。吃水啊？俺这有水，水还是不赖，有个井，打的井。有的喝热水，有的喝凉水，那时候连个火都没有，那时都是拿个布，拿个纸去借火，火柴都没钱买。

　　那一年没蚂蚱，蚂蚱那一年是哪一年？民国 28 年还是民国 29 年？才邪门哩，一地，一个挨一个，都往一边爬，一个沟，往里赶，一沟蚂蚱，净那小的，不能飞。那年那蚂蚱可厉害了，过去了，别说庄稼，连树叶都咬光了，地上一层。

日本是从什么时候来的不记得了。民国 29 年、31 年打到巨鹿县的，我记不清了。啥坏事他都干，把人头朝下，推到水里淹死的人不少。那该不抓人啊？抓人就要钱，在村里抓人干活。抓到日本的有，这就有一个，叫宏亮，李宏亮，是个地下党员，他那时候搞地下工作，后面没回来。日本（人）没毁小孩的。那会儿不要钱，要粮食，一个人一斗米，皇协军就在村里找，那会儿我家是个中农，存了两瓮粮食，都叫皇协军给挖走了。

那会儿有日本人的飞机，有，很少，没往下扔过东西。

阎疃镇

柴城村

采访时间： 2008 年 7 月 12 日
采访地点： 巨鹿县县光荣院
采 访 人： 李莎莎　张　艳　贾云龙　王　瑞
被采访人： 张巧段（女　95 岁　属虎）

　　我没上过学，我是党员，民国 23 年入的党。俺娘家是阎疃乡柴城村，婆家是苏家营乡西旧城村，俺 16 岁结的婚。

　　民国 32 年，灾荒年那年逃难，记不得是哪一年，俺爹是游击队（员），民国 23 年俺娘死了，俺爹是民国 23 年九月叫抓走的，民国 26 年死的，坐了一年的牢。

东阎庄

采访时间： 2009 年 8 月 30 日
采访地点： 巨鹿县阎疃镇东阎庄
采 访 人： 董艺宁　杨　萍　张云鹏
被采访人： 阎民英（男　85 岁　属牛）

民国 32 年，1943 年那时我 19 岁，我在家，大旱，从过年，1943 年这年就没下雨，立秋之后三天下了雨，不小，下透了，往下没干土了，就饱和了，三天还是几天记不清了，不是暴雨，有房漏的，有不漏的，没有积水。

阎民英

大灾吃，逃吃的可多了，都逃去关外了，去辽宁，家里饿死的也不少。

那时候的病与生活都联系的，有吃有喝的，不一定有病。有霍乱，我也说不清，我母亲就是得这病，跑茅厕，便血，那时候中医不像现在西医，按现在说是肠炎，腹泻，有血，也吐，医生没有治好，开的中药，从得病到去世也不是很长，20 天左右。我的伯母也是这病，时间差不多，先后埋了，隔了很短时间，也是腹泻，这是下雨以前的事，下雨以后还有得病的，没听说有治好的，没有传染，没有人知道这病怎么得的，主要是饿的。

咱这有日本人，驻扎在宋庄，经常来这村，日本兵穿的黄军装，皇协军有警备队，警察队。1943 年以后日本人就少了，1945 年八路军打了宋庄，那时就只有皇协军了。日本军官见小孩给糖，都敢吃。一听来日本人了，人都跑了，日本人占领宋庄以后就不跑了，整天给日本人干活，我也去过，要挖沟还要修炮楼，经常要人干活，修公路、修炮楼、劈柴，一些零活，没有不给日本人干活的。日本人先跟自委会要人，再给各队下达指令。

采访时间：2009 年 8 月 30 日
采访地点：巨鹿县阎疃镇东阎庄
采 访 人：董艺宁　杨　萍　张云鹏
被采访人：阎绍夫（男　74 岁　属鼠）

民国32年我逃吃，逃到通辽县了，给人放牛，当牛倌，我在那儿待了一年，四月份逃到东北的。

这边民国32年之前一直没下雨，到了七月才下的雨，后来听别人说，七月二十几下了雨，雨不小，光下雨，房子全漏了，家家漏，没有过水。

阎绍夫

民国33年还闹的蝗灾，过了麦收的时候，光蚂蚱，抓蚂蚱。有牲口的种地，没牲口的没法种地，俺村都逃了，没剩多少人，有去四平的，到了好年头就都跑回来了。

有得湿病的，上吐下泻，是快病，叫霍乱，早上得病，到不了晚上就死了，得这病的不少，下雨之后，得病的就多了。那时候有人会扎，一扎就好，扎胳膊，扎腿，出了黑血就好了。治好的多，有一个土医生，谁喊给谁扎，没有传染。死了后把死人埋了，有的用席子一卷，搁一边，得霍乱很突然。那时候井里没水，直接喝凉水，喝冷水好得霍乱，这是湿病。

当官的皇协军的太太要啥都得给。周围都是皇协军。日本驻在宋庄，抢了东西运家去。

日本人每天都抓人去干活，要是人不够，就把大炮架村口。日本人让干吗干吗，挖交通沟，不让人过，当天就要回来。都要当劳工，十三四（岁）的都抓走了，没有抓去东北的。没有发药片，有的给小孩东西，小孩敢吃，吃了没事。飞机不多。日本人来得很频繁，有便衣队，穿老百姓衣服，走在队伍前面。

人家日本人生活多好。那时候主要是饿的，枕头里的糠都吃，那时光饿，自己管自己。八路军晚上来，开会。

范 街

采访时间：2009 年 8 月 30 日
采访地点：巨鹿县林庄乡苑街村
采访人：矫志欢　孙维帅　李晨阳
被采访人：周改玉（女　79 岁　属羊）
　　　　　李巧慧（女　71 岁　属兔）

周改玉

俺娘家是范街的，那会儿还在范街。民国 32 年那年非常旱，光记得七月下了一场透雨。大水不记得了。棒子磨磨就吃了，没有粮食，吃的野菜，谷子没粒儿，都吃的糠，粮食收不住，过贱年就没得吃了。那一年还没有蚂蚱。蚂蚱一来，一会儿就平了。

有饿死的，有湿病，霍乱，俺奶奶得的霍乱，阴历八月十一死的，那时女的不兴喊名，属啥的也不知道，得病当天就死了。我奶奶也是范街的，腿抽筋，看病啦，那时看的中医，不兴西医，熬的药。那时都挖的砖井，都喝热水，不喝生水，喝生水难受。

李巧慧

我见过日本人来村里过，穿的绿衣服，戴的钢盔，反正一件好事都不干，打人，见过打人的。皇协军也是厉害得不行。飞机没往俺这扔过东西。

有被日本人抓去干活的，都往城里走，光听说的，也没见过。

郝鲁村

采访时间： 2009 年 8 月 30 日
采访地点： 巨鹿县林庄乡郝鲁村
采 访 人： 矫志欢　孙维帅　李晨阳
被采访人： 郝福仓（男　77 岁　属鸡）

郝福仓

　　我叫郝福仓，属鸡的，77 岁了，没上过学。

　　过贱年，七月初五下了透雨，从春天开始就旱，雨下了一天一夜，旱的时候地里庄稼全旱死了，种不上。那年没生蚂蚱，光旱，没粮食吃。下雨后种萝卜、荞麦。下雨前流行霍乱，医生说得了之后就死，像癌症，没法治，上午埋你，下午埋我。死了十多个，不记得他们的名字了，我家没有死的。霍乱是下雨以前，从三月份开始到十一月份结束。霍乱弄不清怎么得的，突然就得了，上午埋的那一个伙计，下午就埋另一个，可不，他们得了霍乱都死了，有拿席卷的，都埋了。

　　当时这个村里没有日本人，日本人没来，霍乱后来的，来了之后逮鸡，拿家里东西。日本人不穿白大褂，穿绿呢的。那会儿就是建碉堡，抓人去干活，给小孩吃的东西，鱼罐头，吃了后也没得病的，对其他人该抓的抓。

　　大贱年以前日本人来的，没杀人，霍乱以后走的。他们没事，没得病。

　　有逃吃的，不少，我没走，爹和大哥走了，后来过了五六年回来了，忘了逃到哪了，我没动过地方，爹把大哥带走了。

　　1963 年大水的时候，飞机扔过东西。

采访时间： 2009 年 8 月 30 日

采访地点： 巨鹿县林庄乡郝鲁村

采 访 人： 矫志欢　孙维帅　李晨阳

被采访人： 郝席荣（女）

郝席荣

　　我叫郝席荣，我耳朵背，听不见你们说的啥。

　　大贱年吃饭吃不好，光知道贱年，俺不知道下雨不下雨，过贱年，人都死了，吃不起菜。

　　净得病的，霍乱，是饿的，是湿病，吃不好就得这。霍乱有死的，有好的，我那时候才十三四（岁），记不很准了。上哕下泻，是暖和时候得的，过了麦的时候。

　　那蚂蚱多的，吃蚂蚱，炸炸就吃。麦子还没割的时候，蚂蚱来啦，把那麦穗咬了，人拿铁锨用土埋。

黄家村

采访时间： 2009 年 8 月 30 日

采访地点： 巨鹿县阎疃镇黄家村

采 访 人： 董艺宁　杨　萍　张云鹏

被采访人： 张继倩（女　77 岁　属鸡）

张继倩

　　民国 32 年天气不是很好，旱，一直不下雨，七月才下的雨，才耩上地，地湿透了，房子没倒，没有积水，没有淹，七月初还是十几，记不清了。有的收了，有的没收，收得可少了。第二年闹了蚂蚱，一群群的，一个大蚂蚱向南走，都向南走，可严重了。

村里人都病了，一天抬好几个，这么小的村，一天能抬俩，都是饿的，有病的，待两天就死了，也没去县城。都说是传染病，不知道什么病，有了病也没人照顾。有上吐下泻的，都是饿的，得什么病都有。村里也没有土医生，咱那时候也小，县城说是传染病。吃草药不顶事，没扎针，那时候没西医，吃偏方。下雨之后之前都有死的人，人家都说传染，咱不知道传染。

日本人一天扫荡三次，正南正东有两个碉堡，驻在宋庄，咱给他做饭，都是被强迫去修路的，没有给抓去日本、东北的，没人给小孩吃的。

逃吃的也不少，走了两家，那两年都不好，都逃往东北。

黄马庄村

采访时间： 2009 年 8 月 30 日
采访地点： 巨鹿县阎疃镇黄马庄村
采访人： 董艺宁　杨　萍　张云鹏
被采访人： 马伯莫（男　84 岁　属虎）

马伯莫

我 11 岁就开始要饭，在这地区要饭，要了好几年，那时候家里没地，弟兄五个，饿死了两个。民国 32 年我家饿死了五口，我爷爷、奶奶、娘、四弟、五弟，村子里饿死很多人。

民国 32 年从过年到七月初都没有下雨，麦子都没有收，什么时候下了雨记不清了，下了几天，下得不大，旱得不行，棒子长得不高。人吃蚂蚱，谷子都被蚂蚱吃了，挖条沟，把蚂蚱赶到沟里，炒着吃，有粮食吃，也要吃蚂蚱。蚂蚱把庄稼连叶都吃了，谷子连穗都咬了。打不尽，长翅膀，能飞，盖满天。

闹霍乱，一天抬十多个，上吐下泻，这里有一个老医生，能给抓点草药，也来不及，这是急病，两个土医生治不好，当天就死了，以后没出现。记不清是下雨之前之后了，闹不清什么时候得的，记不清谁得的这病，得死了几十口子。先死的有人埋，后死的没人抬，人都饿得没力气，抬不动。传染，那时候谁也不去谁家，不去串家，那时候就叫霍乱，我那时候小。听人说山东闹湿病，和霍乱一样，也是上吐下泻。

这边宋庄驻着日本人，黄口、林庄也驻着日本人，过来的时候，穿黄军装，没有穿白衣服的，日本人带着皇协军来抢东西，抓劳工去干活，宋庄有去东北的，很少。马恒寿被抓到东北了，后来东北解放了，1948年后跑回来的，他在那炼金矿。那时候有抓的，有卖的，还有马奎福，和恒寿一块儿，后来参军，牺牲了。

民国32年日本飞机来过，没有扔东西，从石家庄来的六架飞机，停到了广饶县，离这60里。

有逃吃的，要饭的，不多，有死在外边的，我母亲、哥、弟逃到了德州、枣庄，哥哥、弟弟给人做活，母亲那年饿死了，我家那年是家破人亡。民国32年逃吃的很多，以前也有。

采访时间： 2009年8月30日
采访地点： 巨鹿县阎疃镇黄马庄村
采访人： 董艺宁　杨　萍　张云鹏
被采访人： 马恒寿（男　78岁　属猴）

民国32年我父亲在山西叫日本给抓了一回，跟我哥哥逃吃，到了山西榆次，又从榆次上太原，向南边坐的小火车，向青州，走到青州待那儿了，没待一年。我跟我哥在北西侯（音），俺爹卖破衣服，去做生意没本钱。

和我父亲一起被抓的不多，俺村的两个，马满兑（音），在那给日本人割草，喂马，叫我哥也去，俺父亲说："他还是个孩子。"反正三个人得去一个，最后俺父亲去了。俺父亲在那待了一年，人家日本不放，他就给日本做活，日本人换地方，从南往北，接着一个山，一个村，他也不知道，他不识字。俺父亲回不来了，也没办法，到天

马恒寿

冷的时候，俺父亲想法跑，跑不了，叫日本圈里头，不好跑，日本人看着，日本有岗哨。后来跑出来了，跑出来后，山沟里水流很急，从河南岸蹚到北岸，河北的兵来了，八路军把俺父亲抓住了，带走了，也不放他，待了很多天。那边有站岗的，给吃的，当官的提审，提审时互相听不懂，说话很着急，外面来一骑黄马的，骑马的人问："你是哪的？"俺父亲就说了，最后人家说，他不是汉奸，还有两个孩子。被八路军抓了十来天就放了。俺父亲拿着给写的字，先盖了一个章，不让他走，又盖了一个章，然后跟他说，下山以后把证明撕掉。

那时候种了点晚庄稼，没下雨就走了，大约六七月的时候，记不清了。

有一年生了蚂蚱，记不清什么时候。得病的多了，我已经不在村子里了，俺娘和弟弟在家，奶奶那年饿死了，说有得霍乱病的，不少。

民国 32 年宋庄有炮楼，我没见过穿白衣的日本人。俺没被抓去当劳工，不记得别人。

李 街

采访时间： 2009 年 8 月 30 日

采访地点： 巨鹿县林庄乡李街

采 访 人： 矫志欢　孙维帅　李晨阳

被采访人： 崔　氏（女　81 岁　属蛇）

　　　　　　李后雁（男　76 岁　属狗）

崔　氏

　　民国 32 年头一年就旱，不收东西，一亩地也收不了一点，春天就开始旱，地不生产，没水吃，皇协、八路都要着吃，饥吃年。逃吃死到外边的可多啦，开春就有人逃。卖孩子、扔孩子也是很平常的事，根本掀不开锅。

　　立秋过了，下了三天的雨，（那年一共）下了 40 多天。有病，霍乱，上哕下泻，一会儿就死了，七月开始有的。

李后雁

　　第二年生了蚂蚱，高粱、谷子快熟的时候，蚂蚱来了。

　　这边过去几里地就是炮楼，日本人抓八路，把老百姓整死了也没法，那时候年轻人去了就（被当成）是八路。

宋家庄村

采访时间: 2009 年 8 月 30 日
采访地点: 巨鹿县阎疃镇宋家庄村
采 访 人: 董艺宁　杨　萍　张云鹏
被采访人: 沈怀申（男　83 岁　属兔）

沈怀申

　　民国 32 年，我在家住着，民国 32 年在村子东边黄庄那地方有碉堡，这个村子一直叫宋家庄，比以前大点了。

　　民国 32 年灾吃年，那时候河里没有水，大旱，过年之后一直没有下雨，一直到农历七月初下的雨，雨不太大，下雨后种了点蔓菁，种点荞麦，种点菜籽，蔓菁长得不错。下了几天，没有把房子弄漏。蝗虫有，不多，和平常年差不多。

　　闹湿病，主要是饿的，死的人不太多，周围有人得的，死了一部分，没有吃的，就死了，数南边小王庄死得多，死得几乎差不多了，那时候有病了也没地方看，村里没有医生（说到这，老人哭了）。

　　民国 32 年是特大灾吃，人都主要是饿死的，咱村还少点，下面那村不大，死了几十来人，几乎都是饿死的。没吃的，没喝的，人死了还不知道，就把人埋到地里，一天能埋好几个，主要是饿死的，主要是穷人，家里有吃的没事。民国 32 年没下雨就开始饥吃了，刚过年还有口吃的，从民国 31 年就开始旱，民国 31 年开始就有点饥吃了，有逃吃的，收完粮食就走了，七八月份，逃到东北，大部分到沈阳了，不太多，几户。

　　日本人不多，皇协军出来抢东西，杀人，日本人不抢，抢了没地方放，皇协军抢了都送自己家走了。日本人在这里驻了 100 多人，有一个连，穿黄军装，没有发药片。飞机不多，没有飞机，从这村没有抓劳工，日本人在这村还可以。

孙河镇

采访时间： 2009 年 8 月 30 日

采访地点： 巨鹿县林庄乡孙河镇

采 访 人： 矫志欢　孙维帅　李晨阳

被采访人： 孙根兰（男　84 岁　属虎）

孙根兰

　　我叫孙根兰，84 岁，属虎的，我是党员，还上过一年初中。

　　从三月份种地时都没下雨，一直到 1943 年七月份才下雨，七月初，地透啦，下了几天不清楚，没发洪灾。第二年的蝗灾从春天就有，秋后才没了，在秋天成堆了，那飞蝗，一来一大片，一会儿就给你吃完啦。1944 年就行啦，还收了点粮食。逃吃的多不多说不清，反正有。

　　旱了那么长时间，得病的也不少，得霍乱，上哕下泻，我也不知道为啥叫霍乱，大家都这么说，一两天村里死了七个，反正说不太清了，热的时候开始的，不记得是在雨前雨后了。我家里没死人，那年死的不少，谁记得他们叫啥名，谁给人治啊？那时候有医生，也不能说都治不了，医生不多，那时没西药，都是中药。当时也没棺材，就那么埋了。

　　咋没有鬼子？林庄还有个炮楼，大概 1940 年鬼子就在那了，大概是 1945 年走的，没干一点好事，见人就打，运气背的还被杀了。没见过穿白大褂的日本人。那时候日本人炸广宗，炸南边，炸巨鹿，咋没飞机啊？往下扔炸弹，炸巨鹿的时候，都炸平了。日本人给谁罐头？没有。抓人去干活，不知道抓到哪了，反正抓走就没信了，被抓走的有孙园朴，俺村抓走俩，都没回来，他们俩岁数比我大。

采访时间： 2009 年 8 月 30 日

采访地点： 巨鹿县林庄乡孙河镇

采访人： 矫志欢　孙维帅　李晨阳

被采访人： 孙怀春（男　87 岁　属猪）

孙怀春

我叫孙怀春，属猪，87 岁，还上过两年学。

大旱年，旱从春天就开始了，反正不下雨了，旱的村可不少，见的粮食还没种子多。地主、富农地多，能收些粮食，贫下中农没得吃，落的树叶，榆树叶，都吃了。

那一年，到后来反正是下雨了，立秋头三天下的，下的地里也不是很透，立秋头三天耩了地，有收的，有没收的。那年没发洪水，蝗灾也没有，就是没收什么东西，小黄谷收了点。从前打的是砖井，从井里打的水，天旱的时候，也出不了多少水。那些时候逃吃的可不少，我父亲走了，我没去，逃吃的人有一半哩。

民国 32 年死的人不少，得病的，霍乱，有的顾不着看，就死了。死了多少，记不得了，有三四十个。死了可不就埋了，有的拿铺盖卷了包着。我没得那个病，得病的人一天到晚躺着。霍乱一得就死了，传染，说话说不出来。那时候哪来的医生？不像现在，那时候县城里有一个两个的医生，也走了，有个扎针的，扎胳膊，扎肚子，好不了太多，好的少，得了就死，死了不少。我记得是下雨前得的霍乱，三四月时，就过麦的时候，持续了两三个月哩，有一天死了七八个，我记得是八个，不是很准了。

咱这没有日本兵，林庄有，上村里头要夫、挖沟、修路，去给他们干活。我二哥被抓走了，待了两个多月才回来，拿户口本点名，弄走了七个，有个孙园朴，有个曾琪，死了仨，弄去煤窑了。那时候皇协军来得多，日本人也来，来的不多，烧杀抢掠什么坏事都干。飞机是炸广宗，炸巨鹿，扔炸弹，毁房屋，广宗炸的多，日本人穿灰色的呢子衣。

王家庄村

采访时间：2009 年 8 月 30 日

采访地点：巨鹿县阎疃镇王家庄村

采 访 人：董艺宁　杨　萍　张云鹏

被采访人：王志洪（男　80 岁　属羊）

王志洪

　　俺是正月初六出生的，上了几天学，时间不长，宋庄来日本鬼子了，向各村要学生，在宋庄也上了一年两年。

　　民国 32 年的天气就是不下雨，七月十二下了雨，地里下透了，下了几天，赶紧种地，整得快就收了，整得慢点就迟了。老百姓都逃吃了，那时候各顾各的，谁也不管谁。

　　民国 32 年生蚂蚱，生了好几次，在家吃一顿饭的功夫，庄稼就被吃光了，全是蚂蚱，一脚下去能踩十几个。有领头的，往哪个方向就都往哪个方向，闹好几次，第二年又生了好几次。

　　有传染病，主要是饿的，没力气，头恼心慌，说不上什么就死了，大多数饿死的。没有听说过霍乱，那时候没有医生，死了都不知道是什么病，怎么死的，巨鹿也没医生，农村更没医生。也没人敢看，大多数人都是上吐下泻。农村里就能挖点草根，就点绿豆熬水喝，都喝那个，不管用。霍乱在下雨之前之后都有，主要是饿的，在地里热的，就躺下，缓过来就好了。那时候喝井水，自己在村里挖的井。

　　那年人死得多了，村里原来有 300 多口人，打日本人以后，加上逃到外边的，就剩 200 人了。那时候每家都挨饿，家里死了人就找年轻人抬地里，给人家两个红薯，给点棒子、高粱，年轻人没传染的。日本走了以后逃吃的都回来了，当时逃吃的多了，逃到关外，有百十人出去逃吃。

　　还有日本鬼子，八路军晚上打日本人，日本人也没有每天出来，进村穿着黄色军装，有给小孩塞糖的。日本人来了三年，抓过劳工，抓了几个，后来一个被抓到石家庄，叫万文宪，（另一个叫）王曾信，半路逃了回来，在城里监狱待了几天。那时候这边的人整天去宋庄给日本人干活，挖沟、劈柴，（日本人）向各村要民夫。

采访时间： 2009 年 8 月 30 日

采访地点： 巨鹿县阎疃镇王家庄村

采 访 人： 董艺宁　杨　萍　张云鹏

被采访人： 万丙辰（男）

　　　　　　张玉金（女　78 岁　属猴）

万丙辰（左）、张玉金

　　民国 32 年地里旱得光长草，没吃的，吃草籽，人都饿死了，天不下雨。不记得什么时候下了雨，不能种地了，家里没人了，都逃吃了，就剩下老人了，饿死的饿死。年轻人都下关外了，有去石家庄的，城里招工，俺就去了，去了又不招了，俺就回来了。

　　吃蚂蚱，一些小蚂蚱，那么长，黑翅。挖沟，把蚂蚱赶沟里，装布袋里，炒着吃，大约在六七月份。霍乱死的也有，那年头不好活，饿死的饿死，逃吃的逃吃，俺跟着妈妈逃吃去了。有上吐下泻的，就埋了，没棺材，卷卷就埋了，抬都没人抬，得霍乱的多了，我记不清了。那时候村子里本来就没多少人，日本来了又争吃的、争穿的，我们这一代没过上好时候。日本人在宋庄，也不怎么转悠。

苑 街

采访时间： 2009 年 8 月 30 日
采访地点： 巨鹿县林庄乡苑街
采 访 人： 矫志欢　孙维帅　李晨阳
被采访人： 李　靠（男　106 岁　属龙）

李　靠

我叫李靠，106（岁）啦，属龙。

民国 32 年七月初下的雨，之前没下过雨，种得早的收了，种得晚了收不了，谷子收了，麦子没收。没发大水，路上都是蚂蚱，蚂蚱是春天有的，往沟里赶，蚂蚱多得很。

贱年逃吃的人多，我没出去，很多人走了，有一半。

有得病的，得霍乱的人很多，我家里人没得霍乱的，那时候没正经医生，吃中药有治好的，就旱灾那会儿，下雨之后。

当时村里有日本人，人不多，有一个也不敢惹。日本人打死了一个人，毁坏房子，对小孩不怎么样，抢东西。他们戴钢盔，不穿白大褂的。

见过飞机，没投东西。霍乱时没见过日本人。日本人没有抓劳工的。

采访时间： 2009 年 8 月 30 日
采访地点： 巨鹿县林庄乡苑街
采 访 人： 矫志欢　孙维帅　李晨阳
被采访人： 苑新普（男　81 岁　属蛇）

我叫苑新普，属蛇的，81（岁）了，上过师范。

民国 32 年从春天就一直没下雨，当时不能浇地，旱灾严重，庄稼都种不了，立秋后三天才下了，地都透啦，没收粮食，收的荞麦。

苑新普

饥吃从春天开始，那时吃糠咽菜，吃叶子，种着地，没得吃，到了荞麦和谷子收时才有得吃，大概九月。逃吃的人能有三分之一到二分之一，春夏都有人走，往东逃的多，我没逃吃。

霍乱是下雨前，夏天时得的，死的人很多，一个村一天能抬四五六个，没见过得病的，不知道什么症状，那时医生少，上哪儿看病去？没医生，死了就埋啦，自个埋自个的。那时候吃水时在地里挖个土坑，那时有条件的话，水就烧热喝，没条件的就喝凉的。

蝗灾不是那一年，是日本人走之后，蚂蚱很严重，我记得那时挖的沟，蚂蚱一飞一大片。

民国 32 年时日本人还没来哩，民国 32 年以后才来的，日本人在村里烧杀，抓人去煤窑当苦工，都死那儿啦，有抓到日本去的，我们村没有，（去日本的）有回来的。有飞机，没有往下扔东西，日本人当时没给我们东西。

张王疃乡

八里庄

采访时间：2009 年 8 月 30 日

采访地点：巨鹿县张王疃乡八里庄

采访人：白丽珍　陈颖颖　张鹏程

被采访人：张辰良（男　80 岁　属羊）

张辰良

　　我叫张辰良，80 岁了，属羊的，我没有念过书，不是党员，不是干部。

　　民国 32 年就是立秋的时候下了三天雨，黍子收了一部分，小麦也收了，具体什么时候记不清了，雨下得不很大。那年光俺村里就饿死了十来口人，那会儿原来有 200 多口。老百姓有上山西的，有上太原的，我出去了，我是上石家庄，什么时候回来的不清楚了，我那时候小啊，那会儿我十四五（岁）。

　　蝗虫蚂蚱那往后，闹蝗灾蚂蚱这记得不是民国 32 年，还往后。见过日本人，没干什么坏事，修炮楼的有，咱村里没有炮楼。抓去做劳工的人有田增，有小九他爹，后边又回来了，现在都死了，有抓走没回来的。

　　那时候有土匪也挡不住他来，就是抢东西呗，在村里抢了点东西，咱也记不清土匪的头。

采访时间： 2009 年 8 月 30 日

采访地点： 巨鹿县张王疃乡八里庄

采访人： 白丽珍　陈颖颖　张鹏程

被采访人： 张仁修（男　76 岁　属狗）

张仁修

我叫张仁修，76（岁）了，属狗的，建国以后念过几年书，是党员，当过支书。

记得民国 32 年旱灾，从头一年秋天旱到第二年秋天，立秋三天下雨了，阴历七月份的时候，下了七天，房都漏了。啥也没长，种的蔓菁，种的谷子没收，萝卜、蔓菁全没了。那时候贱年，饥吃啊，从民国 31 年过了麦，到第二年立秋，到下雨那时候，吃啥，一点粮食也没有，吃秕子，谷子的壳。逃吃的人可多了，逃吃去哪的都有，那时候春天也有人去逃吃，刚过麦，人就都走了，走了有三分之一，那年老黑、余大祥、大河饿死了，我没有出去，家里就三人。

闹痢疾，跑茅厕，有的人哕，当时俺村里有不到两百人，有一百五六十人闹痢疾。霍乱病？没听说霍乱的，不知道是病死还是饿死的。蝗虫还要晚，晚两年。

日本人我可见多了，日本人一来来十多人，骑的洋马，大洋马。日本人住在城里，外面站着队。日本人没有抓过劳工，派咱的人抓，咱讲话他不懂。村里青年人一个也不见了，就剩老人小孩，日本人没进村里，都上东边了。黄柏魁，是皇协军的头，成天抓人，二兵叫他抓走了，上东北当劳工去了，他偷跑回来了。

那时候飞机还来，大年初一的时候，飞机炸开了。

俺村里好像没土匪，那时候俺村里小，闹土匪的时候俺八岁。

北陈庄

采访时间： 2009 年 8 月 30 日
采访地点： 巨鹿县张王疃乡北陈庄
采 访 人： 赵曼曼　郑文娟　常　乐
被采访人： 王继永（女　97 岁　属牛）

王继永

民国 32 年，这个村的人得病了，跑茅子，快死了，就赶紧送他（回）家去，就死了。一天能死好几个，是传染病，死了十几口，俺爹、俺娘那年都死了，一家一家的死，都是传染的，俺娘家的人都死了，现在就剩下俺一人。

采访时间： 2009 年 8 月 30 日
采访地点： 巨鹿县张王疃乡北陈庄
采 访 人： 赵曼曼　郑文娟　常　乐
被采访人： 王省栾（女　96 岁　属虎）

王省栾

民国 32 年我就在地里寻野菜，灾吃年，那几年过了三个大贱年，在地里捋草籽吃，找野菜，灰灰菜，下没下雨不记得了。

得病的说死就死了，传染病，跑茅子，蹲稀，不能跟他待一块，没人看，谁知道是怎么回事，反正就死了。

日本人在这闹腾，俺们黑夜、白天都跑，年都不能过。

曹辛庄

采访时间： 2009 年 8 月 30 日
采访地点： 巨鹿县张王疃乡曹辛庄
采 访 人： 栾晶晶　赵媛媛　夏世念
被采访人： 党三勤（女　77 岁　属鸡）

党三勤

　　我叫党三勤，77 岁了，属鸡的，上过小学，俺是跟俺娘长大的，识字不多。

　　那时实在困难，七月初一下了雨，下了好几天，都涝了，都那么困难，就逃难走了。灾吃年不记得有洪水。那时候多少年了它还不下雨，七月初一下雨才耩地，吃得乱七八糟，逃吃不少，都上山西、东北，有的人现在还没回来。

　　我记得得病的都不敢一个人去，俺家没人得病，说是传染，俺没见，下雨以前就有人得病。村里医生很少，扎针这个不知道，死的人不少。

　　蚂蚱一堆一堆的，四月里。

　　那时候日本人还来不少，也没给什么东西，有去给干活的，去挖沟，都死那了。

采访时间： 2009 年 8 月 30 日
采访地点： 巨鹿县张王疃乡曹辛庄
采 访 人： 栾晶晶　赵媛媛　夏世念
被采访人： 党迎礼（男　74 岁　属鼠）

　　我叫党迎礼，74 岁，属鼠的，上过学，高中毕业，共产党办的。

1943 年一直没下雨，立秋下雨了，农历七月初二。那时候兵吃马乱，老百姓没吃没喝。那年没洪水，就是旱得很厉害，一年没怎么下雨，立秋下的，种萝卜、荞麦。春天没浇上地，立秋下了透雨，那一年基本上没有收成。七月初下的雨，种的蔬菜，大部分是菜。

党迎礼

那时候我们村有千把口人，逃吃，年轻人走了，老人死了，逃往东北沈阳、辽宁，山西。老百姓都逃难走了。饥吃从三四月，一直到九月份，饿死加逃吃的有 100 多口。

有蝗虫灾，小麦长得低，蝗虫光咬麦穗，麦子不大熟就被咬了，基本上咬光了，飞的把天都弄黑了。

有拉肚子的，霍乱，得病以后医生跟不上，没西药，中药解决不了。好几个村有一个医生，就是拉、泻，当时没人给治，也没钱，没治好的，得这病的有八九十人，主要是饿的，喝的凉水闹肚子。那时候没人管老百姓，死了就埋了，夏天闹霍乱，下雨以前。

那年皇协军见得多，跟日本人的。党保振、党二福没回来，叫抓走了。

大孟庄

采访时间：2009 年 8 月 30 日

采访地点：巨鹿县张王疃乡大孟庄

采访人：白丽珍　陈颖颖　张鹏程

被采访人：孙振英（男　78 岁　属猴）

我叫孙振英，78 岁了，属猴的，解放以后念过书，民国 32 年我家里还有祖父母、父母、兄弟三人。

民国32年，草籽不收，旧社会也没井，从春天旱到六月以后，下雨是在六月半以后，阴历。饿死不少人，日本人又来抢东西，年轻的逃吃的走了，逃吃从割麦以后，阴历四月份就出去了，七月份种麦的时候回来的。我家人没逃吃的，为了粮食不被抢走，就挖了坑埋在地里。

孙振英

饥吃从收麦的时候到七月份的时候结束，逃吃的人去北方的多，北边的赵县、石家庄、山西、东北沈阳都有。当时蚂蚱在麦子发黄的时候来的，把麦子咬下来，蝗灾不是很严重。

没听说过得病死的，有上吐下泻的，闹霍乱，六月十七八的时候，下雨之前。发病快，原来有一共千口人，剩下了三四百。来不及看，村里没医生，别的村里有医生，俺村里有一个人能扎针，我父亲是扎的针，放的血是黑色的，后来好了，扎的腿下面的筋里面。霍乱是到六七月份结束的，死了多少人不清楚了，死的人数也不清楚。

我见过日本人，皇协军见人就打，抓走了你要拿钱赎回来。这儿没厂房，没有劳工。

郭家庄

采访时间：2009 年 8 月 30 日

采访地点：巨鹿县张王疃乡郭家庄

采 访 人：张吉星　葛丽娜　普　敏

被采访人：郭纪中（男　75 岁　属猪）

郭玉中（男　75 岁　属猪）

我叫郭玉申，今年75岁了，属猪的，民国32年人没粮食粒吃，就跟半死似的。民国32年从过完年就开始旱，村里饿死80多人，一大半。七月初开始下了大雨，断断续续地下了40多天。民国32年逃吃，有逃到周围村的。

那时候的病主要是饿的，有病也没有医生治疗，有了病就硬扛了。

民国33年三四月份的时候，蝗虫从西北过来了，特别多，把粮食苗吃完就过去了。

那时候日本兵在捣乱，在郭家庄抢粮食，打人，抓人，要人给日本军队做活，挖沟，干一天活再回来，有的给下了药抓走的。

郭纪中

郭玉申

洪水口

采访时间： 2009年8月30日
采访地点： 巨鹿县张王疃乡洪水口
采访人： 赵曼曼　郑文娟　常　乐
被采访人： 高占路（男　90岁　属猴）

我没上过学，那时候家贫，上不起。民国32年的事，我现在闹不清了，我十五六岁的时候，家里贫寒，没得吃，住姥姥家，在凤家寨，这边地少人多，那边地多人少。从12（岁）住到19（岁），到19岁的时候，我就出去扛活去了，给人家捣鼓，给人家平地，喂牲口。

得病是 20 多（岁）时，那时候闹日本，日本人抓劳工到日本，我被抓走了，在那得了病，一年多，后脊梁有黄水，待了一个多月回来了。在那就是打针，吃药治好的。我们那时候是 30 多万人一起抓去的，这些人都没在一组，四下里分，那时候我 25（岁）左右。

高占路

那时候靠天吃饭，不能浇，天不下雨，就不收。旱闹不清了，旱的时候多着哩，雨下得不多。闹病，不记得，咱不知道，不严重。

我没参加八路，日本人那时候都挑，让去才能去。日本人来过，20 多（岁）的时候，在一起吃饭，吃稻谷，领着头干活去。日本人抓劳工干活，我那时候就是二十四五（岁）。

我从 12（岁）到十八九（岁）住姥姥家。她那地多，赖好收点就够吃的了。那时候头疼脑热的没事，那会儿没药，不像现在什么药都有。经常生蝗虫，那蚂蚱把小麦都咬了。

梁 庄

采访时间：2009 年 8 月 30 日

采访地点：巨鹿县张王疃乡梁庄

采 访 人：白丽珍　陈颖颖　张鹏程

被采访人：梁庆云（男　77 岁　属鸡）

我叫梁庆云，77 岁，是党员，干了好几十年的支书。民国 32 年那一

年我11岁，家里有爸妈。1943年那时日本
（人）还在，麦子还没收，日本人又要，后
来我去了山西岢岚县，六月出去的，阳历
七月。

梁庆云

那年的旱灾从六月二十几开始，到七月
初三才下雨，光收了点蔓菁、油菜，玉米都
收不了，雨不大，能撒点萝卜。旱灾饿死了
很多人，村里原来有400多口，一共剩下了
260多人，都逃吃去了关外、山西太原、内
蒙古，有的就死在外边，没回来。

那年没啥病，主要是饿死人，日本人（隔）几天就要（粮），没听说
过有什么病。还有就是蚂蚱多，一群一群的，大部分的蔓菁、萝卜都叫
吃了。

日本人杀过人，没有见穿过白大褂的，不记得有检查身体的。飞机
有，日本人住在城里，村里没有，杨庄有炮楼。日本人在这抓过人，抓去
做劳工，当兵，岁数大的就当劳工，有去挖煤的死了没回来。在关外，当
劳工没回来的都死了。这个村里没怎么有土匪，土匪都是一群一群的。

采访时间： 2009年8月30日
采访地点： 巨鹿县张王疃乡梁庄
采访人： 白丽珍　陈颖颖　张鹏程
被采访人： 吕增川（男　74岁　属鼠）

我叫吕增川，74岁了，教过书。

民国32年，那一年灾吃年逃吃的不少
人，知道的有五六十户，不知道的有很多。
我那时候家里有父母，一哥哥一姐姐，爷爷

吕增川

奶奶不在了。

村里干旱特别厉害，从头半年开始就没下雨，到秋天下了一点雨，立秋之后，地里种了菜。有饿死的人，我认识的一个（人），小名叫李毛，大名叫吕孟章，都是病饿交加，症状不清楚，就是又饿又病。还有蝗虫，谷地里的沟一窝一窝的，这是在民国32年以后。

我不大记得天上有飞机，见过伪军、皇协军，土匪不清楚。

出去逃吃是从民国32年可能是冬季开始的，那时候人都吃花籽、高粱壳、糠，逃吃有去东北辽宁的。

苗 庄

采访时间：2009年8月30日
采访地点：巨鹿县张王疃乡苗庄
采访人：张吉星　葛丽娜　普　敏
被采访人：苗廷鄂（男　80岁　属马）

苗廷鄂

我叫苗廷鄂，今年80岁，属马的，没上过学，家里穷，认识几个字。

民国32年七月，立秋头一天下的雨，很大，持续了好几天，下透了还下，撒了点荞麦。从过了年就开始干，直到七月份之前都没有下，之前下的雨都很小，那时候没井。皇协军要（粮食），共产党也要，地里又没收成，饿得厉害。

人们上吐下泻，跑茅子，腿酸，没劲，从头七月份开始霍乱，一直到第二年四月底，不下雨的时候有了霍乱病，下雨前死的人比较多，一天能死好几个，等下雨后有了点收成，死的人少了一点。第二年，民国33年上蚂蚱了，四月份麦子临熟的时候，蝗虫很多，很多人吃蝗虫，持续时间不是很长。那会儿都是炒蚂蚱吃。

民国 32 年大旱，地里没收成，五六月就有开始往外走的，都往山西、河南、山东、关东，死在外面到现在没信的有的是，有的留在了外面，有的逃了回来，饿死了老多人。

民国 32 年，日本人在巨鹿，三里五里就有一个楼，十里八里有一个钉子，每天都来苗庄，要东西，杀人。抓劳工到煤窑里去，抓到日本去，大庄有被抓的，后来又送回来了。

采访时间：2009 年 8 月 30 日
采访地点：巨鹿县张王疃乡苗庄
采 访 人：张吉星 葛丽娜 普 敏
被采访人：苗学一（男 79 岁 属羊）

苗学一

我叫苗学一，今年 79 岁，属羊的，没上过学，那时候家里穷，日本人在这，没法上。

民国 32 年，逃吃的多，阴历七月初五以前，一直大旱，从前一年冬到民国 32 年初，麦子没收，到了七月初五下了大雨，很大，下了好几天。那时候很艰苦，吃树叶子，村里饿死很多人了，大概有几十口人，秋天吃新粮食的时候，有的人撑死了。逃出去的人也有很多，村里很多人逃吃，我没有逃，往各个方向逃，往北的居多，下雨后都回来了。闹大水是以后的事了。

得了霍乱，就跑茅子，上窜下泻，不到一个钟头就死了，就是在四五月份，天热，没吃的，不记得传不传人，那时候每天能死两个，死了人就直接埋了，我家里没得病的。不知道什么原因得病，那时候没有大夫治病，持续了一个月，下雨以后得的病。那会儿得霍乱人多了去了，不知道名。

那时候日本人住在宋王庄，说不定哪天就来苗庄扫荡，抓联络员，那时候各村都有一个联络员。还抓劳工，这里春平被抓了，他中途跳火车逃回来的，还逮过妇女。

民国 35 年闹蝗虫，庄稼被吃光了，小满以后，没割麦子呢，从老张河桥过来，很多不能跑，路上墙上很多蝗虫，人们吃蝗虫。现在生活比民国 32 年强多了。

苏家口村

采访时间：2009 年 8 月 30 日

采访地点：巨鹿县张王疃乡苏家口村

采 访 人：赵曼曼　郑文娟　常　乐

被采访人：胡照勋（男　85 岁　属牛）

胡照勋

我上过小学，日本人来了后就不上了，他们是 1938 年进的巨鹿城，来抢人。

1943 年，是贱年，不收，棒子都开了，一年没下雨，从 1942 年就开始旱，人都逃了，才开始下雨。七月初三立秋，初五开始下的雨，雨下得不小，种地的时候过了，地种不上了。人就吃草籽，地里草长得很深，全是灰灰菜，就蒸草籽吃。那年村里 90% 多的人都没了，剩的人少，逃了第二年就回来了。

就是那年下雨之后得的霍乱，那时候就是上吐下泻，这是传染病，没人看，就死了。吃都没得吃，都饿死了。那时候霍乱死的人多了，逃走的就好了，死的反正不少。那时候就是痢疾，说闹腾就是闹腾，没几天就死了，就是吐、泻，那时候也没有医生，哪有个医生？像俺爷爷，他也是得了霍乱。

日本人来了以后，翻你家里，有点粮食就翻走了。那时候有做买卖的，日本人上下火车都叫打疫苗，咱中国人没有预防的办法，日本人怕传染他。

那时候那人都弹草籽吃。树叶子都吃光了，把灰灰菜籽压压，就吃这个。满地的蚂蚱，早上起来丢个布袋，在锅里一盖，就不会飞了。蚂蚱在锅里一扣一盖就死了，就是下雨以后闹的。

王举庄

采访时间： 2009 年 8 月 30 日

采访地点： 巨鹿县张王疃乡王举庄

采 访 人： 赵曼曼　郑文娟　常　乐

被采访人： 王计朝（男　77 岁　属鸡）

王计朝

我那时候上不起学，贫困家庭上不起，就上过几年小学，没毕业，家里没人干活。1943 年有霍乱、蝗灾，日本人也在这。都走的走，逃的逃，村里剩下了 80 多人。阴历七月十二下的雨，下透雨了，那会儿晚庄稼能种了，60 多天就熟，能种地了。

那时候下雨以前就有病了，怎么传染过来的？气候干旱，人又没吃的，挖个野菜，吃不饱，走不动，又没医院，又没药，得了病，就得等死。那时候我才 11（岁），死多少人记不清了。没医院，没地方看，家里没法。那时候地里就能挖个苜蓿，找点野菜吃，哪有钱看病哎，也没条件。下雨之后还有病，民国 32 年底就没有了，过了时候了。死了 100 多口子，这么小的村，能奔走的，这个年岁都逃吃去了，小孩走不动的就留下。

日本人来了要东西，要钱，房子都拆了卖了，都不敢不给，不然就打，拐你，还不如现在的畜生，地都没法种。

王六村

采访时间： 2009 年 8 月 30 日
采访地点： 巨鹿县张王疃乡王六村
采 访 人： 张吉星　葛丽娜　普　敏
被采访人： 郝玉仓（男　75 岁　属猪）

郝玉仓

我叫郝玉仓，75 岁，属猪，上过小学，念了几天。闹饥吃，从春天开始直到立秋后五天下的雨，中间就没下雨，旱得非常厉害。日本兵也三天两头来扫荡，没法种地，日本人来抢、砸、烧。

有霍乱，阴历五六月份的时候，一会儿就死了，一天能死七个，传染。是因为饿的，关键问题是没啥吃的，才闹霍乱，死了就埋了。霍乱拉肚子、不吐，当地土医生说是霍乱，扎针能扎好。

民国 33 年麦子发黄的时候，上的蝗虫，蝗虫是从西边河里过来的，蝗虫闹了有十来天，就到西南去了。

逃吃的多了，民国 32 年村里逃吃的就逃到栾城、关外，那里能浇地。从民国 32 年春天开始，饿得就开始逃了，民国 34 年时就回来了。这个村开始有 1000 多人，后来逃吃，霍乱、饥吃，只剩了不到 500 人，那会儿的人没存粮食。

民国 32 年，不知是三几年，下了一次大雨，连下了 40 多天的雨。

采访时间： 2009 年 8 月 30 日

采访地点： 巨鹿县张王疃乡王六村

采访人： 张吉星　葛丽娜　普　敏

被采访人： 郝玉岭（男　81 岁　属蛇）

郝玉岭

我叫郝玉岭，81 岁，属小龙的，没上过学。

民国 32 年，因为老天爷不下雨，从头年到农历七月初五都没下雨，初五立秋，下雨了，种了点晚庄稼。那年旱得非常厉害，庄稼都没收，有点粮食日本兵就给掳抢走了。日本人经常抢东西，抓共产党，经常抓人到日本。我那会儿十四五岁，不放，有偷跑回来的。很多逃吃到了栾城、石家庄，我知道的逃出去的人有一个后来回来了。

闹霍乱在农历四五月份，霍乱是饿的，没力气走路，有拉肚子的情况，有的几天就死了，有一个多月死了的，也有几天的，很多得病的，没听说传染。

有一年秋后，大约七月或八月，下了 40 多天的雨，房也漏。发大水是 1956 年，一个多月才下去。

民国 33 年农历四五月份麦子发黄的时候，蝗虫很多，闹了 20 多天。

采访时间： 2009 年 8 月 30 日

采访地点： 巨鹿县张王疃乡王六村

采访人： 张吉星　葛丽娜　普　敏

被采访人： 郝兆勋（男　81 岁　属蛇）

我叫郝兆勋，81 岁，属蛇的，上过高小，是旧社会的时候。

民国 32 年，地里不收，不下雨，从春节到大约七月份一直没有下雨，阴历八月开始下的透雨，不是很大，反正能种地了，种了蔓菁、荞麦，时间也不长，第二年，雨水就好了。

民国32年有病的高烧的，不知是饿的还是霍乱，可能有霍乱，听过，高烧，都是饿的。

人逃吃了，农历六到七月份开始逃往山东、东北。日本人还抢东西，有点东西都给抢走了，基本上没吃的，死了很多人，那一年基本上没有新生儿。饥吃闹了一年，等到了第二年才好。

郝兆勋

可能在民国33年、34年麦子快熟时有了蝗灾，对收成影响不大，没有影响秋种，闹了两个月左右蝗灾，当地人炒蝗虫吃。当时是邻旅制，30户一旅，日本人在这抓劳工，抓到日本。宝顺、明顺、乔大武，抓到日本去了，死在那儿没回来。那时候劳工有两种，一种是被抓去，再一种是自己卖自己。经常抓当地人去给日本军队干活，还得自带干粮，他们还经常打人，我15岁的时候还给日本人抓去做工，去了洗衣服，干了七天。

采访时间： 2009 年 8 月 30 日
采访地点： 巨鹿县张王疃乡王六村
采访人： 张吉星　葛丽娜　普　敏
被采访人： 刘庚午（男　80 岁　属马）

我叫刘庚午，80 岁，属马的，上过小学。

灾吃年是民国 32 年，天旱没收成，从春天就开始旱，一直旱到了秋后，没耩地。我和家里人在民国 32 年逃难出去了，逃到

刘庚午

了河北宁晋县，农历七八月份回来的，下了雨就回来了，雨不是很大，能种庄稼了，那时候很多逃吃到关外的。

民国32年七八月份闹霍乱，人吃不饱就有了病，也没医生看，上吐下泻，很快，一会儿就死了。秋后得的病，大部分是老年人得病，有的扎针，咱这村有得这病的，死的不少。那时候土医生不多，也有，扎不好。

民国32年秋后闹过蚂蚱，种麦子时就有了，民国33年也闹了，麦子快熟时，麦头都给咬断了，蚂蚱到秋后就没了。

日本兵抢东西，抓年轻人，抓劳工干活，听说有抓到日本去的，有的死在那儿了。

武 窑

采访时间：2009年8月30日
采访地点：巨鹿县张王疃乡武窑
采访人：栾晶晶　赵媛媛　夏世念
被采访人：武献坤（男　81岁　属蛇）

武献坤

我叫武献坤，81岁，属蛇的，上过高小。

民国32年立秋前三天下了雨，不小，种庄稼了，那我记不很准了，没有洪水，净下的雨，棒子也没收。第二年就种上了麦子，长得挺好。后来上蚂蚱了，多，把麦穗都咬了，过了麦就没了。饿死人可多了，有逃吃的，有的去了山西。饥吃死了多少人闹不很准。

那时候霍乱可多了，他在地里做着活，霍乱一上来就死地里了，挺厉害，上啰下泻，过麦吃不饱就闹。那时候连个医生没有，高庄有个老医生，看不及就死了，就那么严重，不传染，得病死了就埋掉，那时候也没钱，使大柜卷卷就埋了。

日本人在我们这儿，日本人害了我家两口子，（包括）我姑。他们都是净抢，不发（东西），没检查身体，当劳工那时候就去干活，有回来的，不知道名字。

采访时间： 2009 年 8 月 30 日

采访地点： 巨鹿县张王疃乡武窑

采 访 人： 栾晶晶　赵媛媛　夏世念

被采访人： 杨俊枝（女　75 岁　属猪）

杨俊枝

我 75 岁了，属猪的，上过两天学，但不认识字。

民国 32 年干旱厉害了，从春天开始到立秋，后来下了七八天，立秋三天下的雨，庄稼都没收成。下雨后有洪水，但这里没淹到，不记得从哪来的。撒的荞麦，下雨没收成。

得病再往前，下雨收了荞麦，过年的时候包饺子吃，俺家有个老奶奶说赶明儿再包，到天黑就死了，饿死的。下了七八天雨后，收麦子时，麦子不是很熟，多少能收点。听老人家说，得这种病的人多，可多了。好几家死了，俺叔叔燕杰，下边他媳妇，他儿都死了，他儿死后他闺女死了。永娥她偷人家东西，被人打了，回来就死了，都是饿的。那时候没钱治病。那时候日本人光检查大人，不给药，都没钱治，有赤脚医生，来不及治就死了。就是连唠带泻，死的人都埋了，过了麦就好了。

民国 32 年有逃吃的，溪州三口子去逃吃，一直没回来，谁见逃哪去了？没见就是死了。

蚂蚱在几月份记不清了。

被日本人抓走的有俺三叔，（还有）我的亲大奶奶。

武 庄

采访时间： 2009 年 8 月 30 日

采访地点： 巨鹿县张王疃乡武庄

采 访 人： 白丽珍　陈颖颖　张鹏程

被采访人： 银立标（男　78 岁　属猴）

银立标

　　我叫银立标，78 岁，属猴的，解放以后念过书。1953 年入的党，在学校里上了学。民国 32 年家里有爸妈、爷爷、奶奶、一个兄弟、两个哥哥。

　　民国 32 年我记得是大旱，寸草不收，地里没东西收，在家里就是吃草籽，吃野菜，整个一年没下透，地里不能种。那时候没有井，大家靠天吃水，水也很少。旱灾大概就是从三四月份吧，旱到了八九月份，就没下雨。大雨是后来下的，大雨后才种的荞麦。都吃麻糁，就是花生出油后的薄皮，没粮食，吃秕谷子。逃吃的多了，大部分都逃到山西了，当时我没出去，家里我两大伯都出去逃吃了。

　　五六月份，有蝗虫、蚂蚱，那草地都罩严天了，遍地都是草，庄稼不收。

　　那时候有得病的，当时我没病，得这种病他不能吃甜瓜，大部分死的人都得的这种病，上吐下泻的没有看好的，跟传染病一样，上吐下泻就是霍乱病，这是医生说的，那时候咱村里没医生。银福顺得这种病死了，看不好，家里没钱看不起，记不清谁先得的。

　　民国 32 年见过日本人，住在城里，那时候炮楼很多，咱村里没炮楼，日本人三天两头来，来到这里杀光、烧光、抢光。有皇协军，主要是日本人统治，见过拿鞭子的日本人，抓的劳工多了，我还去过呢，去修炮楼，干了一天活又回来了。没有抓到外地里的，咱村里的吴三文抓到东北了，后来又跑回来了，大概有三四年，在东北的煤矿里。

见过四五架飞机轰炸，只有炮弹轰炸，没有罐头，穿白大褂的没有。不记得土匪了。

采访时间： 2009 年 8 月 30 日

采访地点： 巨鹿县张王疃乡武庄

采 访 人： 白丽珍　陈颖颖　张鹏程

被采访人： 银全路（男　78 岁　属猴）

银全路

我叫银全路，属猴的，78（岁）了，九月生的，忘了哪一年生的，没有念过书。我在村里当过小队长，不是党员。

民国 32 年那时候吃草籽，吃麻糁，是棉花籽出油后剩下的，没东西吃，都叫日本人抢了，饿死不少人。

有霍乱，有饿死的，在五六月，当时没下雨。我当时十几岁，那时候也有看病的，但是看不起，医生少啊。我见过得霍乱死的。什么症状那记不清楚了，谁知道死了多少了人。霍乱是听说的。

民国 32 年八月下的雨，不小，下得晚，玉米都不收了，一直下了好几天，不小，房子有倒的，塌的，倒的都是些坏房，用泥堆起来的，一批一批的。那时候蝗灾严重，家家都打蚂蚱，在村里打，蚂蚱把麦子都咬了。

那时候有逃吃的，民国 32 年我也逃走了。那时候我家里还有我父亲、我母亲，当时家里人都去逃吃了，逃吃出去的时候我十二三岁，我们是过了两年之后，到了民国 34 年回来的。

见过日本人，忘了什么时候了，村庄里见过的，日本人没有胡作非为，有抓人，抓人去做劳工，抓到煤窑去了。抓了吴叶同，他回来了，他是八路，忘了他什么时候回来的，去了有两三年，我回来之后抓走的。

有飞机，没见过飞机往下扔东西，白大褂没见，没看见日本人给中国人检查身体，给小孩发大米、发饼干。

那时候有土匪，叫老杂，不记得头儿叫什么名字。有皇协军，皇协军和日本人统治，这里没炮楼，日本人驻扎在城里。

厦 头

采访时间： 2009 年 8 月 30 日

采访地点： 巨鹿县张王疃乡厦头

采 访 人： 栾晶晶　赵媛媛　夏世念

被采访人： 李记辰（男　77 岁　属鸡）

李记辰

我叫李记辰，77 岁，属鸡，没上过学，一直住这。

民国 32 年是七月下了雨，阴历，下得不算小，没有洪水。那时候庄稼都旱死了，一春天没下雨，地里庄稼谷子都旱死了，谷子收不了，坏了。饿的人吃玉米棒子，吃了还不够。灾吃严重，死了很多人，有逃吃的，有的去了山西，去关外，有出去当劳工的，死外面了。没有蚂蚱，就是没有吃的。

我见过日本人，日本人光打人，找八路。

采访时间： 2009 年 8 月 30 日

采访地点： 巨鹿县张王疃乡厦头

采 访 人： 栾晶晶　赵媛媛　夏世念

被采访人： 李永周（男　75 岁　属猪）

我叫李永周，75（岁）了，属猪，上过小学，解放后上的学。

李永周

民国 32 年那时我 12 岁，从立春旱到了阴历七月初三，苗都旱死了，谷子都干了。吃什么就没法说，能吃上粮食的人不多，就是玉米啊什么的，反正填饱肚子就行了，从春天就没得吃，秋也没收多少东西，都没得吃。死了很多人，剩了 400 多，以前有 800 多，过了灾吃年死了 400 多人。就是饥饿，没闹过霍乱，有得霍乱的，不很多，一个村有七八个，记不清得的人名字，谁治？没钱治，吃都没得吃，死了的就埋掉了。有逃到山西口外的。

民国 32 年是七月初三下的雨，下得不小，下了两三天，地里没法种，七月初五停的。没有洪水，淹不着，地高。民国 32 年没闹蝗虫，待了三四年又闹了蝗虫，很厉害，成天乌泱的，头秋开始，庄稼都被咬了。有人吃蚂蚱。

见过日本人，没有给我们检查身体，有抓去当劳工的，大马仓、贵沧、月仓叫抓走了，这几个人现在都不在了，后来有的劳工回来了。

张毛庄

采访时间： 2009 年 8 月 30 日
采访地点： 巨鹿县张王疃乡张毛庄
采 访 人： 赵曼曼　郑文娟　常　乐
被采访人： 张文雪（男　84 岁　属虎）

民国 32 年那年冬天，敌人就来了，就都不上学了，民国 32 年是大灾吃，不下雨，那时候靠天吃饭，到七月初五才下了雨，种了油菜、萝卜、绿豆，收了点。粮食缺乏，没得吃，饿死的多，都逃吃去了，死的多了，有 100 多口。

张文雪

还有过蝗虫，过来就一会儿，庄稼都没了，它过河，团成一团，什么都给吃光了，麦子结穗的时候，麦子有了一部分粒子，都给蚂蚱咬了。

我民国 32 年在家里，那时候家里有兄弟四个，在家就是推磨，蒸米窝窝。我是民国 33 年出去逃的吃，去蒸窝窝，俺那时候在城里，跑栾城去了，在那蒸年糕，不中，又去了山西，在那下煤窑。俺兄弟也到了山西，俺哥和俺爹挣个钱养家里，妇女孩子在家里，爷爷他那时候也老了，80 多（岁）了，跟俺叔叔，吃馍馍，一给他吃米窝窝，一换粮，他就不行。

这边还有得病死的，得霍乱，跑茅子。俺婶子是赶集回来死的，是霍乱，饿得也够了劲了，跑茅子，烧得不行。那时候医生都不中了，没药，扎行针，不顶事，俺婶子叫吴睡莲，得病大概是民国 32 年，过了麦，阴历五月份。那时候不说是传染病，医生他不懂。

俺这村西就是岗楼了，向南去一里地，那边有公路，离这有五六里地、七八里地就有一个炮楼，有封锁线，挖了大沟，不让过。灾吃年，来了就和你要点粮食，皇军他要什么，干部给传达。

1943 年巨鹿县雨、洪水、霍乱调查结果

巨鹿县乡镇总数：10 个；调查乡镇总数：10 个

村庄总数：291 个；调查村庄总数：138 个

乡 镇	雨				洪水				霍乱				采访村庄总数
	有	无	记不清	未提及	有	无	记不清	未提及	有	无	记不清	未提及	
堤村镇	22	1	0	1	0	10	0	14	14	5	1	4	24
观寨乡	10	2	0	0	0	12	0	0	11	0	0	1	12
官亭镇	16	1	1	1	0	13	1	5	8	7	1	3	19
巨鹿镇	20	1	0	1	0	15	0	7	16	1	1	4	22
苏家营乡	10	0	0	0	0	9	0	1	10	0	0	0	10
王虎寨乡	10	3	0	0	0	13	0	0	11	0	0	2	13
西郭城镇	3	1	0	0	0	2	0	2	4	0	0	0	4
小吕寨镇	6	1	0	1	0	5	1	2	8	0	0	0	8
阎疃镇	10	0	0	1	0	9	1	1	10	0	0	1	11
张王疃乡	13	1	0	1	1	7	0	7	10	0	0	3	15
合 计	120	11	1	6	1	95	3	39	102	15	3	18	138

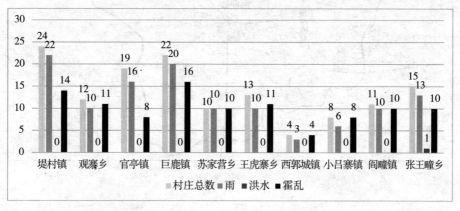

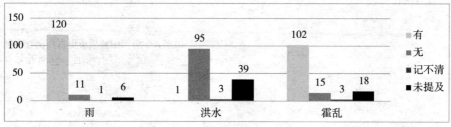

河北省巨鹿县1943年霍乱流行示意图

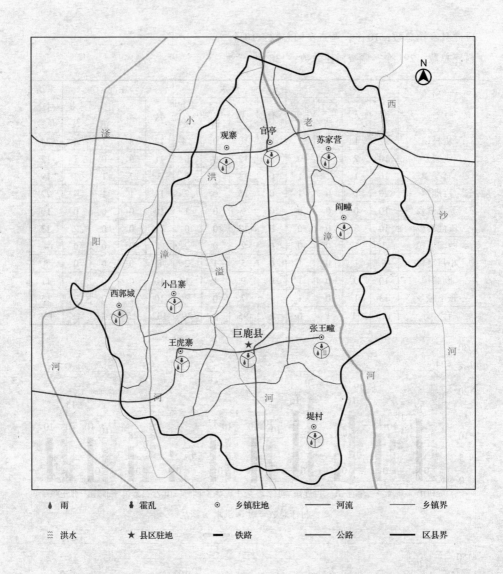

| ♠ 雨 | ♠ 霍乱 | ⊙ 乡镇驻地 | —— 河流 | —— 乡镇界 |
| ⠿ 洪水 | ★ 县区驻地 | ▬ 铁路 | —— 公路 | —— 区县界 |

山东大学鲁西细菌战历史真相调查会制
调查时间：2009年9月

1943 年巨鹿县堤村镇雨、洪水、霍乱调查结果

调查村庄总数：24

	雨	洪水	霍乱
有	22	0	14
无	1	10	5
记不清	0	0	1
未提及	1	14	4

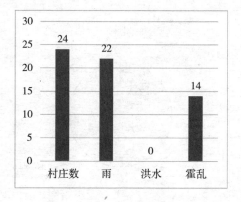

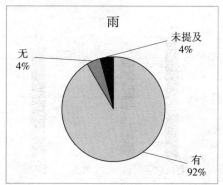

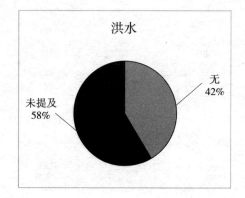

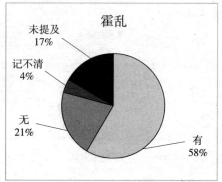

1943 年巨鹿县观寨乡雨、洪水、霍乱调查结果

调查村庄总数：12

	雨	洪水	霍乱
有	10	0	11
无	2	12	0
记不清	0	0	0
未提及	0	0	1

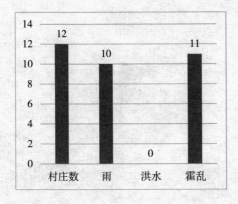

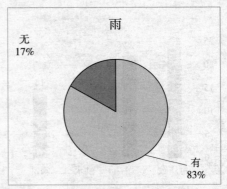

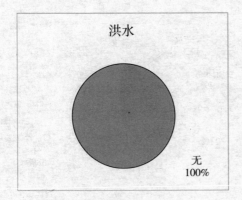

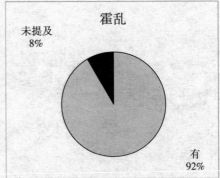

1943 年巨鹿县官亭镇雨、洪水、霍乱调查结果

调查村庄总数：19

	雨	洪水	霍乱
有	16	0	8
无	1	13	7
记不清	1	1	1
未提及	1	5	3

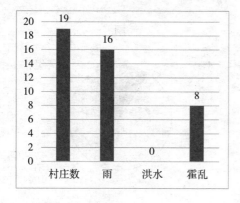

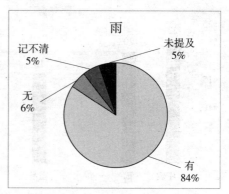

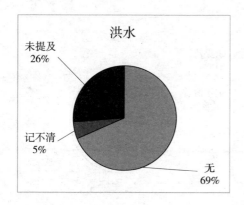

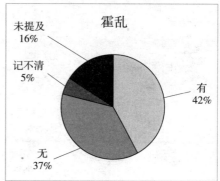

1943年巨鹿县巨鹿镇雨、洪水、霍乱调查结果

调查村庄总数：22

	雨	洪水	霍乱
有	20	0	16
无	1	15	1
记不清	0	0	1
未提及	1	7	4

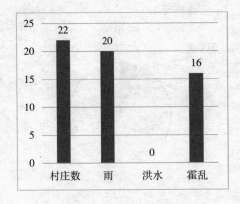

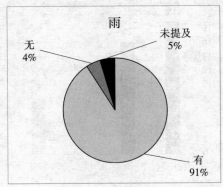

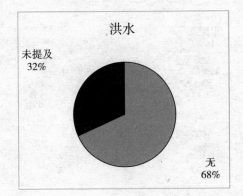

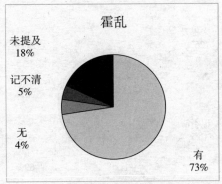

1943 年巨鹿县苏家营乡雨、洪水、霍乱调查结果

调查村庄总数：10

	雨	洪水	霍乱
有	10	0	0
无	0	9	0
记不清	0	0	0
未提及	0	1	10

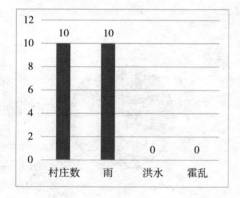

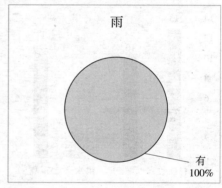

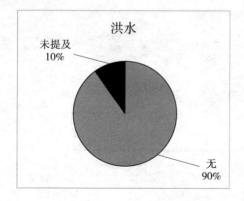

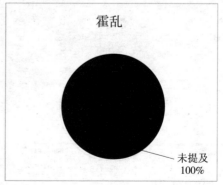

1943 年巨鹿县王虎寨乡雨、洪水、霍乱调查结果

调查村庄总数：13

	雨	洪水	霍乱
有	10	0	11
无	3	13	0
记不清	0	0	0
未提及	0	0	2

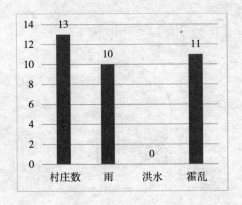

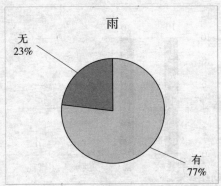

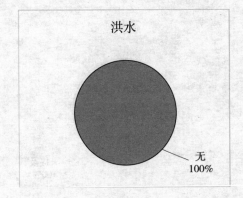

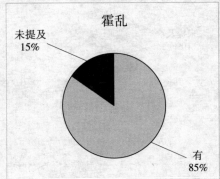

1943年巨鹿县西郭城镇雨、洪水、霍乱调查结果

调查村庄总数：4

	雨	洪水	霍乱
有	3	0	4
无	1	2	0
记不清	0	0	0
未提及	0	2	0

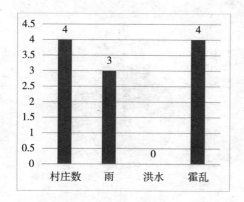

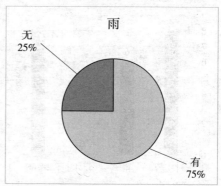

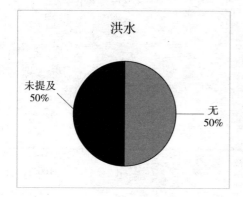

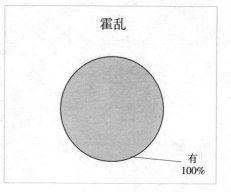

1943 年巨鹿县小吕寨镇雨、洪水、霍乱调查结果

调查村庄总数：8

	雨	洪水	霍乱
有	6	0	8
无	1	5	0
记不清	0	1	0
未提及	1	2	0

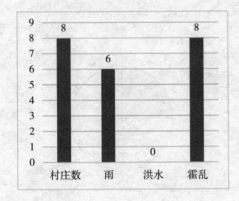

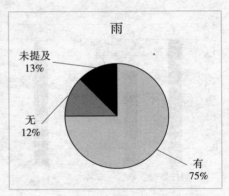

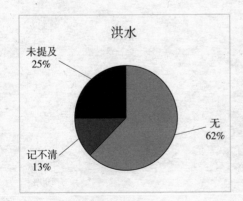

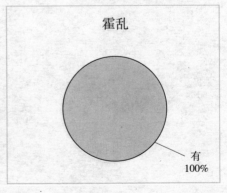

1943 年巨鹿县阎疃镇雨、洪水、霍乱调查结果

调查村庄总数：11

	雨	洪水	霍乱
有	10	0	10
无	0	9	0
记不清	0	1	0
未提及	1	1	1

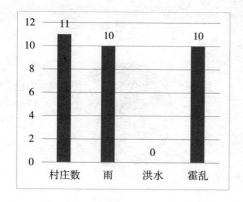

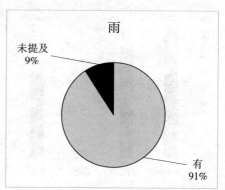

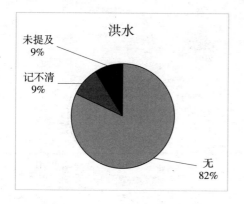

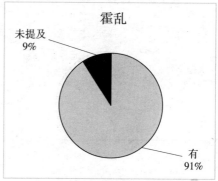

1943年巨鹿县张王疃乡雨、洪水、霍乱调查结果

调查村庄总数：15

	雨	洪水	霍乱
有	13	1	10
无	1	7	2
记不清	0	0	0
未提及	1	7	3

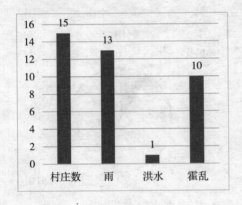

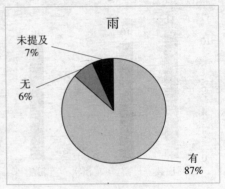

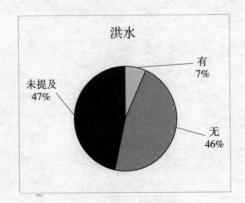

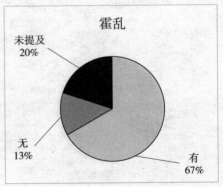